大展好書　好書大展
品嘗好書　冠群可期

大展好書　好書大展
品嘗好書　冠群可期

女性醫學
2

初次懷孕與生產

女性醫學編輯組

大展出版社有限公司
DAH-JAAN PUBLISHING CO., LTD.

目錄

第一章　懷孕初期——恭禧您懷孕了

第二章 懷孕中期——已經習慣和腹中胎兒共同生存了嗎？

第三章　懷孕後期——一鼓作氣奮戰到底

第四章　分娩前後——終於開鑼了，期待順利生產

第五章　產後的生活——安心調養才能心情愉快地養育嬰兒

第一章 懷孕初期

——恭喜您懷孕了

組織嬰兒器官的重要時期

懷孕初期胎兒與母體的情況

受精、著床、形成胎兒

從最後一次月經的第一天開始算起，到懷孕三個月末，在這十二週的期間內可以視為是「懷孕初期」。

即使是受精、受精卵在子宮內著床等，前三週的時間內幾乎無法察覺到已經懷孕了。但是，一到了第十二週左右，子宮大約會像葡萄柚一般大小，在這一段期間內，會體驗到身體的變化，如乳頭有所變化、頻尿等等，這些情況都是懷孕初期的症狀，接著就開始有嘔吐的反應產生。在這個階段使用所謂的「都卜

第一個月

最後一次月經的第 1 天～懷孕滿 3 週為止

子宮的大小如雞蛋般大，受精以後約一週左右在子宮著床。

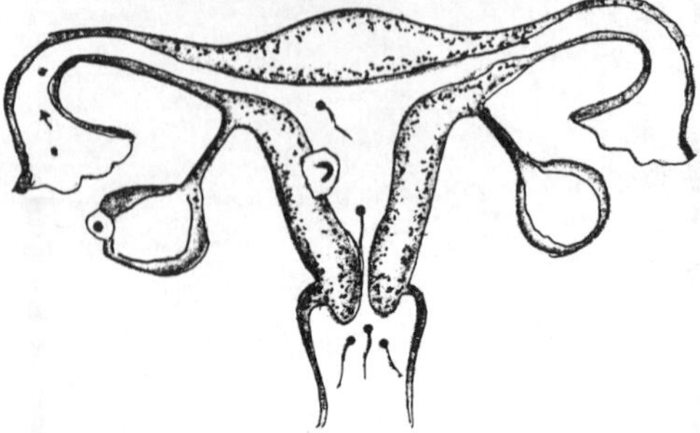

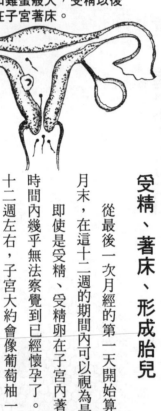

第二個月
滿 4 ～ 7 週

子宮的大小如鵝蛋般大，胎芽有二・五公分；約四公克重。此外胎囊已開始積存一點羊水。

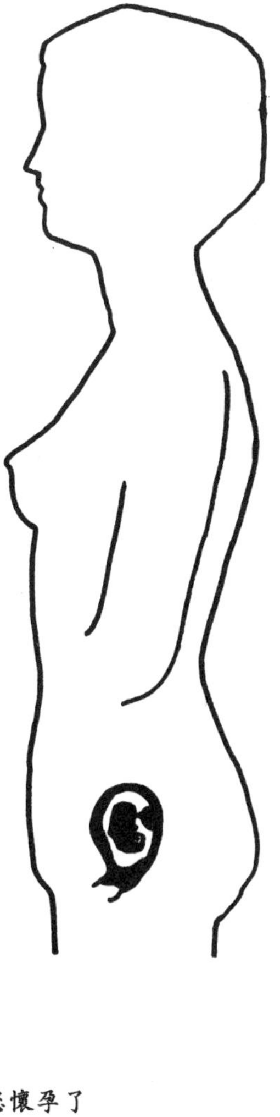

第三個月
滿 8 ～11週

子宮的大小如緊握的拳頭一般大小，胎兒的身長約八公分，體重約二十公克。這時已有人形的樣子出現。

勒」儀器能夠確認胎兒的心律，並可以得知能夠順利地懷孕不會流產。

此外，利用「都卜勒」儀器亦能夠確認胎兒的身體雖小，但已經漸漸地成形，臉型亦清晰可見、手腳的移動等等。總之從受精到著床時，此階段被稱為「受精卵」，大約在胎兒形成前的時期，則稱為「懷孕初期」。

預防流產或畸型必須細心的注意

在懷孕的初期很容易引起流產，偶而還會引起少數的子宮外孕的病例。而且在懷孕初期的階段，基於X光線的照射，藥物或者是濾過性病毒的感染等，也很容易造成胎兒畸型的情況產生，所以是必須特別注意的敏感時期。更值得注意的是，在精子與卵子結合時，因某些因素造成受精卵異常、無法著床或生長時，此時亦是自然淘汰的時期。所以也可說是最令人憂心忡忡的時期。

超過了月經的預定日二週還未有月經時

超過了月經的預定日二週，而還未見到月經的拜訪時，總是會有「是不是懷孕了」的不

●好像懷孕了——
由自己就可輕易得知的懷孕線索

1沒有月經

「或許懷孕了也說不定」女性所察覺的第一個徵兆就是月姑娘來遲的時候。如果月經超過了預定日期二週以上的話，就得前往婦產科醫院檢查。

2妊娠孕吐反應

當月經超過了預定日期一～二週時，清晨猛然起床或空腹時很容易感到噁心、想吐，頭暈目眩。

安情緒及複雜難喻的心情。「或許懷孕了也說不定」，自己所察覺的第一個徵兆，首先是月經未如期的來臨。

但是，沒有月經或者是月經遲到了的情形來看，並未必就是懷孕了，環境的變化或是情緒的影響，或者其他的因素等，都可能造成沒有月經或者是月經遲到。然而對一位已經結婚且是健康的女性而言，懷孕的可能性就很高。超過了月經預定日期二星期以上時，就該至婦產科接受診斷檢查。

顯露出噁心、反胃、嘔吐的症狀

3 乳頭發生變化

乳頭有刺痛感，輕輕碰觸的話會有疼痛的感覺。此外，乳暈雖呈粉紅色，但是乳頭的顏色變深略帶黑色，沐浴的時候不妨留心觀察。

4 在基礎體溫表中持續高溫期

測量體溫的變化，如果持續二週以上的高溫期的話，就能確定已經懷孕了（如果沒懷孕，排卵後二週左右體溫變成低溫期），這時別再猶豫了，趕快到婦產科醫院接受診斷檢查。

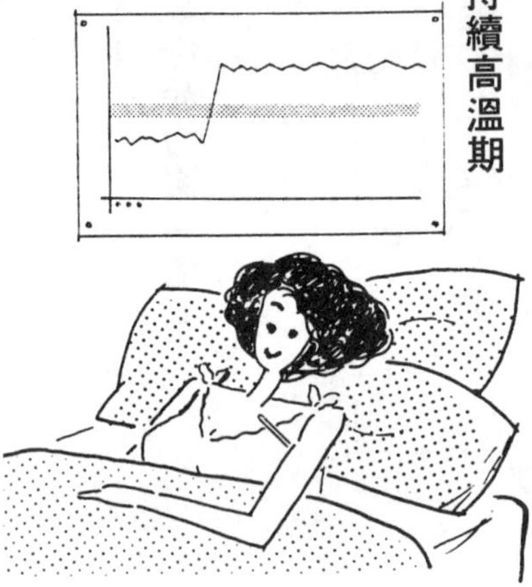

懷孕的第二個徵兆是噁心、反胃。在懷孕的初期，月經遲到約一～二週的期限就會有第二個徵兆出現，而有些人或許會更早。就懷孕的初期症狀而言：早晨起床時會有噁心、暈眩，甚至連空腹時都會有嘔吐等症狀。但是，也有些人即使懷孕了也不會有噁心、嘔吐的症狀，因此懷孕的症狀是依個人的體質而有所不同。

乳頭發脹，乳頭的顏色略帶黑色

還有就是乳頭發脹，會有脹痛的感覺，也因為此時胸部很敏感之故，只要一碰觸就會有針扎似的痛覺。然而，就乳房的外表來看，乳頭及乳暈的部份顏色加深，會變成略帶黑色。原因是由於懷孕的緣故，卵巢自然分泌黃體素刺激乳腺；一直到懷孕至六個月以後，乳房會發育的更大，以便在生產之後供哺乳的準備之用。

月經沒來，體溫會持續二週以上的高溫

一懷孕時就會有一直持續著基礎體溫的高溫時期。通常高溫會持續約二週左右，一旦降至低溫時，月經才會開始降臨。特別是並未服用荷爾蒙藥劑，而高溫時期卻持續到兩週以上時，很可能是懷孕了；而如果高溫時期持續三週以上，而月經一直未降臨，無庸置疑地懷孕了。

依照基礎體溫的變化來確認自己是否懷孕等，這是自我測試最簡單的方法，而且準確性的比率很高。

●三分鐘就可獲知懷孕反應——

與懷孕相關的各種檢查

月經如果遲了二週時，由驗尿就可得知懷孕與否

在婦產科醫院大約花三分鐘就能結束驗尿結果。當妳在煩惱藥品、旅行等計劃之前，不妨先接受醫生的診斷後再決定。

到婦產科進行尿液檢查，能夠確實判斷出懷孕與否

月經降臨的日期延至二週以上，身體已有嘔吐、噁心等害喜的症狀或者乳房的變化等，而自己也懷疑好像是懷孕的情況時，不要猶豫直接到婦產科去，在婦產科進行尿液的檢查，從驗尿的結果大約能夠確知自己是否懷孕。

懷孕時，會自胎盤前端的絨毛中分泌所謂絨毛性促性腺激素，並且會隨尿液排泄出來，取些許的尿液進行檢查的話，即使連懷孕初期都可能判

在家裡能夠實施驗尿

市面上所販賣的試劑可用來驗孕，懷孕的測試有兩種：一是試紙顏色改變的類型，一是底部呈褐色環狀的類型。

最初的體重測量是很重要的血壓的測量是基礎的資料

得知懷孕後所進行的各種檢查

得知懷孕後須進行血液檢查、驗尿、血壓、體重、身高等，這些將成為漫長懷孕生活中必備且重要的資料。

斷出來。但是，如果太早進行驗尿是無法判斷的，所以期限是以月經未降臨日期的二週左右為標準。

也有藥劑可以自己驗尿，判斷懷孕

在前往婦產科之前，有藥物可以在自己家裡輕易的分析判斷是否懷孕（此藥劑能夠在藥房購買）。其分析判斷的方法與婦產科的驗尿是一樣的，用試劑來檢驗尿中是否含有絨毛性促性腺激素，但日期仍需要在月經未降臨十天～約二週以後來進行分析判斷，其準確性似乎很高。

其藥劑的使用方法是將試劑置於試驗管內，清晨醒來取三滴尿液置於同一個試驗管中，仔細搖一搖；大約三十分鐘～二小時以後，就可以檢查出結果。

但藥物的測試反應結果因藥性而有所不同，例如：試紙的試劑由紫紅色轉變成淡紫紅色或是無色透明，則判斷呈陽性反應，而另一種藥物是屬於環狀型式，如果環底的顏色是呈現褐色，則表示陽性反應。雖然自己能夠分析判斷懷孕與否，但仍請您一定要前往婦產科醫院接受醫生診斷。因為可能會有子宮外孕等的致命疾病，所以由外行人來判斷是很危險的。

懷孕之後須進行各種的重要檢查

知道懷孕以後，必須重新驗尿、驗血；並測量身高、體重和血壓等。

●在尿液檢查中，檢查是否在尿液排泄裡有無蛋白及糖。尿蛋白是發現妊娠中毒的重要線索，還有如果尿液裡含有糖尿的話，就更需要特別的注意。

●在血液檢查中，檢查有無梅毒，核對血型是否符合，檢查風疹的抗體及有無貧血等等。

●測量身高的目的有助於平衡骨盆的大小，而且體重和血壓的測量是發現妊娠中毒所不可缺少的線索。

母體和腹中胎兒的十月生活記事

懷孕一個月（〇～3週）

胎兒的樣子：僅〇・二厘米的卵子和精子會合受精而形成的，在很神奇的能源中開始進行細胞分裂。在第二週時完全由子宮內膜所包圍，第四週時約成長1公分左右，身體的各部器官的原形已全部形成。

母體：尚未有自覺性的症狀，子宮的大小和懷孕前一樣並沒有多大改變，甚至有些人幾乎未察覺身體的變化。

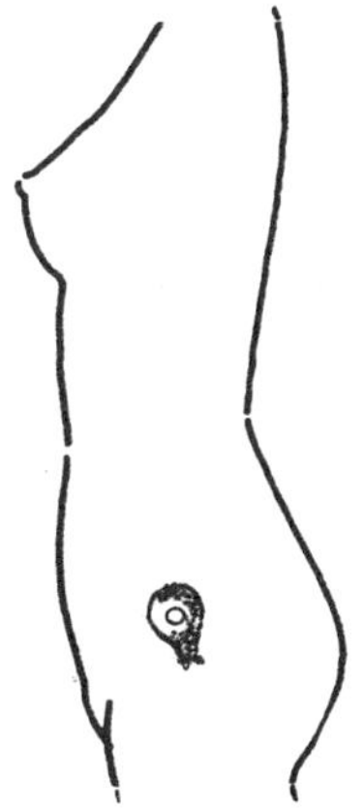

懷孕一個月的生活記錄（〇～3週）

●生命的萌芽是在於精子與卵子的瞬間交會。擁有雙親的遺傳，決定性別的受精卵，經過基因分裂；大約是一週左右之後，受精卵就由輸卵管轉入子宮中。

●受精卵到達子宮時，子宮內膜為了給予受精卵養分，而分泌營養供其吸收，受精卵則利用其養分而漸漸壯大；並找尋適當的場所，而在子宮內膜中著床。

●受精卵著床後約一週左右，它會持續不斷地成長，這時的受精卵則被稱之為「胎芽」，這時候的胎芽已具備了全部身體器官的原形。（懷孕第四週左右）

●懷孕期間是以最後一次月經的第一天當成○日來計算，而超過月經預定期二週左右，月經尚未降臨之時，猶豫之餘才前往醫院接受檢查，此時已懷孕了五～六週。而在懷孕初期一個月左右幾乎沒有懷孕的徵兆出現。

●雖說如此，如果完全沒有避孕措施，在排卵期過後還是有可能懷孕的，因此要特別小心別亂服感冒藥，或者是接受X光線的照射。

●雖然已接受醫生的檢查，但是要將懷孕的事情記在心上。

懷孕二個月的生活記錄（4～7週）

●在這個階段裡胎兒在母體內成長迅速。大腦、臉型、眼睛、鼻子、手腳的指頭等，都已經開始成長，由於在這個時期進行著如此複雜微妙的製造過程的緣故，特別是生病、藥物、X光線等有危害健全生長的東西，請儘量避免較佳。

懷孕二個月（4～7週）

胎兒的樣子：懷孕約二個月左右胎兒的身長約二・五公分，體重約四公克多，胎兒的頭腦、臉、眼睛、手腳的指頭等已全部成形，並繼續有人類的樣子出現。

母體：子宮變得像鵝蛋那麽大，母體的變化也逐漸顯現，身體總是熱熱的，早晨醒來會有頭暈目眩的感覺，這時也是流產的危險時期。

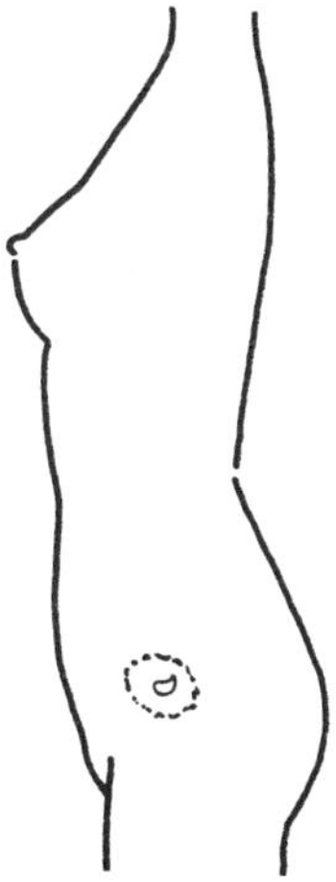

●這個階段也是極易流產的時期，應避免激烈的運動或太過於疲勞，此外性生活方面也應多慎重。

●為了預防流產應注意避免舉起重物；或拿著重物行走。

●開始有噁心、反胃的症狀出現。

●因為噁心之故，即使無法進食也無須擔心憂慮。因為在噁心、嘔吐時期，胎兒還很小；所需要的必要性營養份量很少。但是，維生素及礦物質是不可缺少的，由於噁心、嘔吐之故，更需注意避免胎兒維生素及礦物質不足。

●白帶會增加，須注意身體的清

懷孕三個月
（8～11週）

胎兒的樣子：從三個月開始已脫離了胎芽期進入所謂「胎兒期」，身長約七·五～九公分，體重已成長約二十公克多，從外觀上可以清楚分辨男女的性別。

母體：子宮變得像握緊拳頭般大，肚子也有突出的跡象了。妊娠孕吐反應依舊持續著，也是孕婦情緒不安定的時期，切記別勉強讓自己舒服度過這個階段。

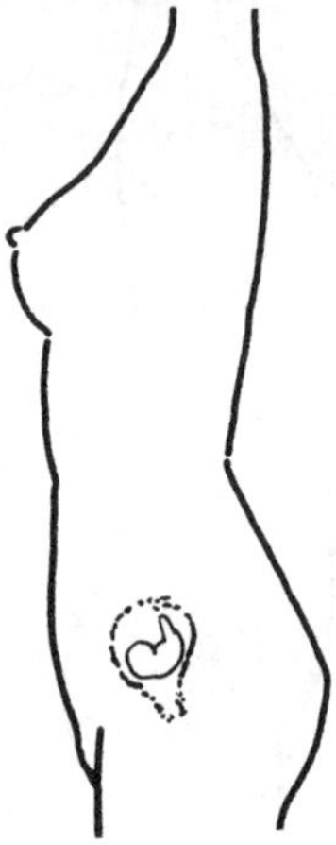

潔。

●胎兒的乳齒是在懷孕四～五週內奠定基礎的，所以在這個時期裡要充分的攝取品質優良的蛋白質、鈣、磷及維他命類的食物。

懷孕三個月的生活記錄（8～11週）

●分娩前就要先選擇醫院，大約每四週孕婦就要接受定期的產前檢查。

●仔細填寫生產登記書上的主要事項，然後向市公所或區公所等申報。向有關單位提出生產登記書時，除了母子健康的記錄外，要一併提出孕婦健康檢查的記錄及媽媽教室的簡介等。

●孕婦噁心、嘔吐的症狀最嚴重的時期最長大約持續到四個半月左右，所以當孕婦的您要好好加油喲！

●流產的恐懼會一直持續著，因此要避免跌倒、持拿重物，或者激烈的運動等，在性生活方面也需要多慎重。

●孕婦必須特別小心避免感冒變成感染病，嚴重的腹瀉也是造成流產的原因。

●孕婦要避免穿著高跟鞋，鞋後跟要低，並且應穿著穿起來舒服的鞋子較佳。

●沐浴時要仔細地的清洗身體，因為在這個階段常會引起陰道發炎。如果知道是滴蟲，子囊菌等所造成的陰道發炎的話，在早期發現時，應徹底的進行治療。在這時先生也應一起進行治療是相當重要的。

●孕婦在懷孕十一週左右，使用「都卜勒效應」的超音波，可以聽到胎兒的心跳。

懷孕四個月的生活記錄（12～15週）

●懷孕到四個月底是流產危險性最高的時期，所以在生活上要多注意、保重。

懷孕四個月（12～15週）

胎兒的樣子：胎兒的身長約十八公分，體重也達一二〇公克。此時胎盤已完成，羊水也充分分泌，並且可以自皮膚看透血管，臉上也長了胎毛。

母體：子宮像胎頭那麼大，肚子也比以往突出許多，整個身體圓圓的，在這階段大部分的孕婦妊娠孕吐反應已平息，情緒也平定許多。

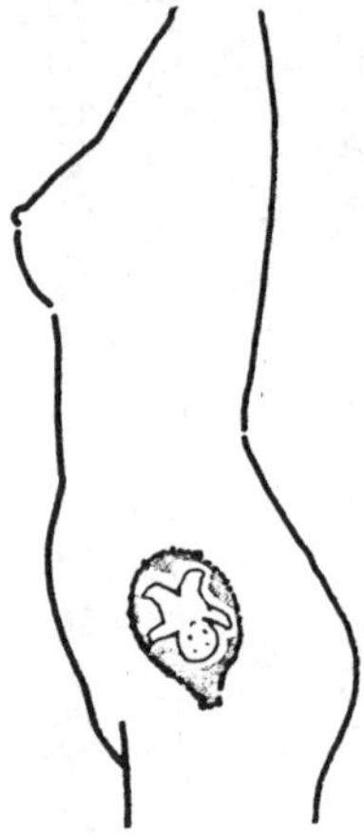

●漸漸地孕婦噁心、嘔吐的症狀會慢慢平息，而孕婦在飲食方面就得考慮到營養均衡了，但是，得小心哦！別超重了。

●孕婦要儘量避免從事下腹部用力的工作，但是不稍作運動也是不太好的。

●每隔四週孕婦都要作一次定期的產前健康檢查，這是不可欠缺的例行公式，萬一在這階段孕婦有任何的異常症狀，都可以早期發現。

●在「媽媽教室」裡，孕婦可以獲得正確的懷孕及生產知識，並能夠促使由孕婦成為母親的自覺。

●孕婦在懷孕初期，很容易偏食、偷懶，所以也是最易蛀牙的時期，因此孕婦要留心清潔牙齒及牙齦的乾淨。

●懷孕期間孕婦規律的生活，有助於胎兒健康的成長健壯。避免緊張與驚嚇，以輕鬆自在的心情渡日，但並非是孕婦一定要待在家中閉關自守，孕婦可以自行規劃時間每天散步也是不錯的。

●孕婦要注意避免在懷孕期間引起便秘、浮腫、貧血等症狀，均衡的飲食及適當的運動是很重要的。

●與妊娠中毒原因相關的病症，如果早期發現、早期治療；就能痊癒，所以孕婦的產期定期健康檢查是很重要的。

懷孕五個月的生活記錄（16～19週）

●在這個時期則是開始邁入懷孕的中期階段，噁心、嘔吐的症狀幾乎平息了，食慾也漸漸地增加。由於此時胎兒的成長很明顯的緣故，要特別注意營養的補給均衡。而蛋白質、礦物質、維生素類的養分對胎兒而言更是重要。

懷孕五個月（16～19週）

胎兒的樣子：胎兒的身長約二十五公分，體重二五〇公克。胎兒的心臟跳動越來越活潑有力，利用聽診器可以透過腹壁清楚聽到心律，胎兒全身已長了胎毛，手腳的指甲也開始生長。

母體：子宮的大小如大人的頭一般大，腹部的膨脹已變得非常明顯，至於妊娠孕吐反應已完全平息心情也輕鬆多了。在五個半月左右初次感受到微弱胎動的人似乎增多了。在這個月最好繫上孕婦腹帶或束腰帶。

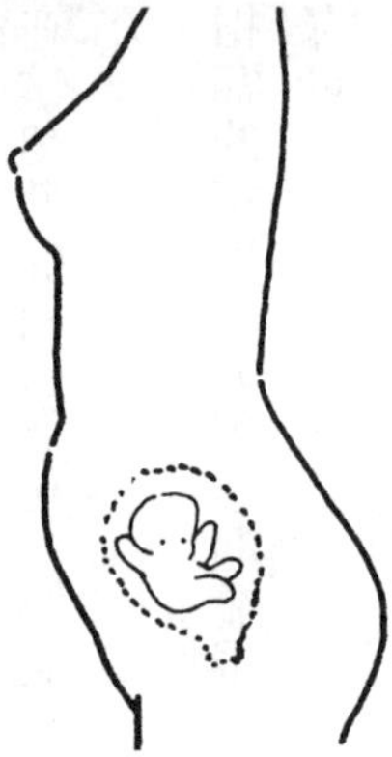

●在這個時期孕婦流產的危險已減少，開始進入懷孕的安定階段，雖然如此，孕婦也要小心避免胡亂移動。此外，孕婦在這時期欲治療蛀牙之類疾病；或者事先燙頭髮等，這也是不錯的階段。

●關於乳頭的保養或乳房的按摩等，孕婦可以利用沐浴的時候來做，這樣可以促進乳腺發達。

●懷孕時如遇到必須搬家、返鄉或者拜訪他人之時，儘可能地在這安定期的階段完成。

●孕婦的腹帶也在這個時期形成。

●孕婦必須徹底實行每隔四週的

懷孕六個月（20～23週）

胎兒的樣子：皮膚上沾有胎脂，皮下脂肪亦增厚了，這時胎兒的身長約三十公分，體重是六〇〇～七〇〇公克。此時胎兒能夠在羊水中四處移動並且孕婦可以清楚感受到胎動。如果是小男生就已有睪丸了。

母體：子宮底的長度約二十公分，並將身長三十公分的胎兒完全包裹起來，這時腹部更加突出的緣故，孕婦也變得容易疲勞，所以睡眠和休養一定要充足。此外如果有事或外出，儘可能選擇這個月。

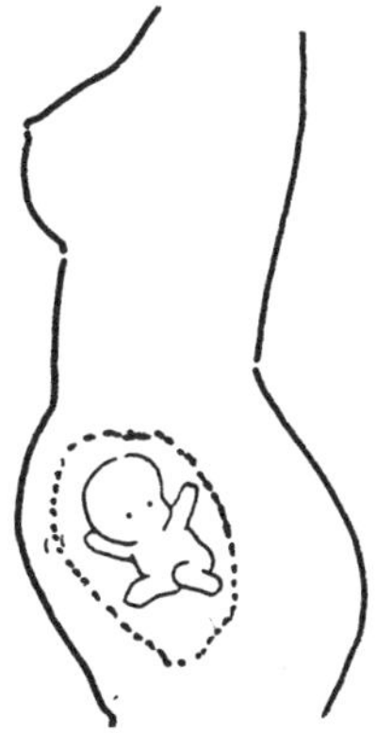

定期產前健康檢查。

●孕婦為避免懷孕時期發生貧血，必須徹底的接受血液的檢查，而且孕婦還須注意均衡的飲食習慣，避免引起便秘、超重。如果孕婦會焦慮不安，可以接受護士或醫生的指導。

●孕婦必須保持身體及情緒上的安定，因為漸漸地您要為產前準備作暖身。

懷孕六個月的生活記錄（20～23週）

●孕婦懷孕到六個月時，大約正值懷孕中期，這時孕婦不管是身心那一方面都已趨安定的時期。至於有關慢性疾病或者不穩的症狀等要儘早治療。

●孕婦每隔四週的產前定期健康檢查，對孕婦而言是再好不過的了。事先接受徹底的各種產前檢查，可讓孕婦得知胎兒的營養攝取是否均衡、胎兒有無貧血等，一次又一次的核驗；這樣才能比較安心。

●如果孕婦腹中胎兒有任何不安的情形的話，醫生可從羊水的檢查或超音波的測試等就可得知。

●一旦發生了緊急的情況，為避免驚慌失措，孕婦該在情緒和緩的時候早先為生產或住院作準備。並事先將緊急的聯絡地點等登記下來，以便讓家人知道，這也是很重要的。

●為了預防孕婦因超重而引發妊娠中毒，孕婦必須一週一次核驗自己的體重，並記錄下來，在產前定期健康檢查時，提出給醫生作為參考。

●孕婦的分泌物白帶增多，在沐浴時要仔細地清洗乾淨以保持身體清潔。

●懷孕六個月，孕婦的體重漸漸地直線上升，適當的運動有助於孕婦的生產，如家事、散步等，極簡單輕鬆的戶外運動也不錯。

●孕婦為生產作準備，這時可以開始練習「拉馬茲」式的體操，以減低生產時的疼痛。

懷孕七個月
（24～27週）

胎兒的樣子：胎兒的身長約三十五公分，體重約達一公斤多，漸漸地每個月身長增加約五公分而體重則增加五〇〇公克。此時胎內的胎兒臉形上已有細少的皺紋形成。

母體：子宮底的長度變成二十四公分，挺著大肚子，乳房脹大，擠壓乳頭時會流出初乳。這時也該開始準備住院的必需品及胎兒用品。

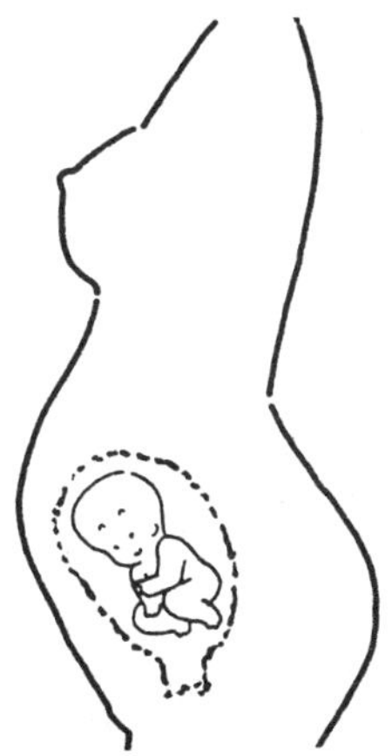

懷孕七個月的生活記錄（24～27週）

●孕婦懷孕到七個月的時候，肚子已經是很明顯的突出，重心不穩很容易跌倒，所以孕婦必須穿著較低且舒服的鞋子。

●胎兒變大會擠壓孕婦的胃，所以孕婦再怎麼有食慾也因受胎兒擠壓之故，而無法吃得很多。在這種情況下，孕婦不一定要依照三餐來吃，可以多吃幾餐來補給營養。但是，如果孕婦吃太多的零食，會造成營養不均衡，需注意的是避免吃過量而超重。

●孕婦如果長時間的站立，腳部很容易浮腫，所以要常常把腳抬高休息。此外，孕婦外出時，為避免擁擠，最好是能夠坐著較好。

●孕婦在懷孕七個月的階段，特別值得憂慮的是這段時期是妊娠中毒的時期，所以在飲食方面的調味料要淡一些，鹽分要加以控制。

●孕婦懷孕至中期以後的話，彎腰、半蹲等姿勢壓迫到肚子，很容易造成孕婦的疲倦，所以要儘量避免。如果無法避免彎腰、半蹲等姿勢時，孕婦可以坐在椅子上，側著身體取東西。

●孕婦要從床上拿起東西時，一定要採用蹲下的姿勢，以免壓迫肚子。

●這個階段（懷孕七個月），胎動會變得很頻繁，孕婦也會常常感覺到肚子脹脹的。

懷孕八個月的生活記錄（28～31週）

懷孕至八個月的階段，孕婦的產前定期健康檢查則變成一個月二次，不可稍有遺漏；必須確實實行。如果有任何不穩定的症狀一定要告訴醫生，並與醫生商量。

●孕婦懷孕八個月時其重點是預防早產或妊娠中毒。孕婦如果有下腹部疼痛，異常出血

懷孕八個月
（28～31週）

胎兒的樣子：皮下脂肪增厚，筋肉發達。身長約達四〇公分，體重約一・五公斤，並且在胎內活動頻繁，體位稍作改變，頭朝下採正常的體位，此時即使發生了早產其存活率還是很高。

母體：子宮底加長約二八公分左右，胎動變強胎兒手腳的揮動對母體來說都可以清楚感受到。此時胃部往上提胸口覺得難受不舒服，而且孕婦會有腰酸背痛的感受。

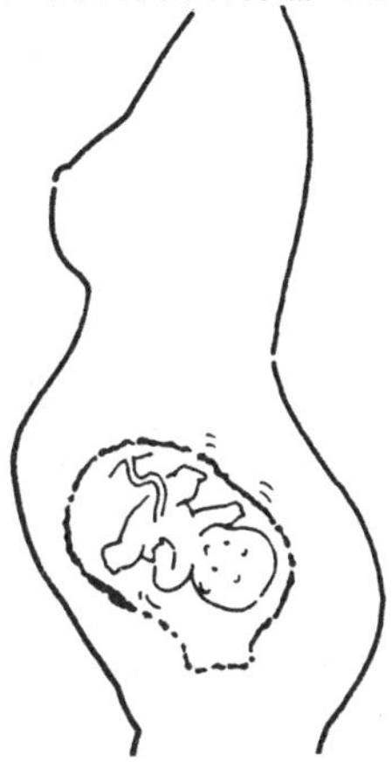

以及有顏色的白帶分泌物等，應儘快前往醫院檢查。

●有關孕婦產前體操，在這個時期可以開始進行。

●充分的休息與睡眠對孕婦而言是相當重要的。

●在這個時期要檢查骨盆的位置等是否正常。

●孕婦在生產前一定要事先檢查身體的狀況，避免貧血、妊娠中毒、高血壓，以及血液呈現狀態的異常情況發生。

●為預防早產的情形，孕婦的性生活方面須慎重。

懷孕九個月
（32～35週）

胎兒的樣子：胎兒肺部機能成熟，即使早產也要充分的注意胎兒養育，身長是四五公分，體重二‧五公斤，此時胎兒的指甲變長，皮膚也結實多了，胎兒臉上的細小皺紋消失了，整個身體呈現出圓滾滾的。

母體：子宮變得更大更突出了，壓迫著心臟和胃，胸口難受鬱悶呼吸困難，也很容易造成下肢浮腫及靜脈瘤，睡覺時覺得不舒服難受時不妨採用西姆茲體位，如此一來會比較舒服。

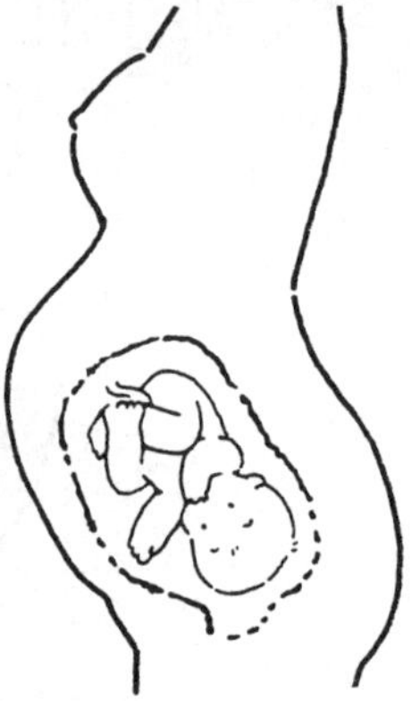

●擁有工作的女性，必須事先建立生育計劃，並調整產後的預定計劃。

●在懷孕末期，容易引起便秘的孕婦似乎很多。因便秘而使勁地用力，對子宮會造成不良的影響。為了預防因便秘而造成早產，孕婦必須多攝取海藻類或纖維質的食品。

●孕婦須多注意水分及鹽分的攝取量。

懷孕九個月的生活記錄
（32～35週）

●孕婦的下肢很容易浮腫，如果用手指輕壓有稍微凹陷的情形時，孕婦無須擔心，只要減少鹽分的攝取，並儘量節制站著工作。

●在這個時期，孕婦很容易引起靜脈瘤，但只要生產過後自然會消失的。如果要預防靜脈瘤，孕婦應避免長時間站立的姿勢，寧可稍作走動會比較有效，或將腳部抬高休息。

●孕婦常會有腰酸背痛的症狀產生，與其仰著休息睡覺，倒不如側著身，這樣孕婦會比較舒服一點，或者試試看「西姆茲」式的姿勢。

●孕婦至九個半月以後，早產及擔心感染疾病的可能性很高的緣故，在性生活上必須謹慎，如果可能的話禁止會比較好。

●由於孕婦身體的移動會變得遲鈍，生活很容易變得不規律，然而一天一次的散步和做家事是不可偷懶的。

●孕婦的白帶分泌物會漸漸地增多，沐浴時要仔細的清洗乾淨。

●如果孕婦要返鄉待產的話，最慢也要在懷孕九個月底時返鄉。

●孕婦的產前定期健康檢查是每隔二週檢查一次。如果有任何的異常情形發生，任何時刻都必須找醫生檢查。

●節制水分及鹽分的攝取量，為避免孕婦疲倦，孕婦應該得到充分的休養。

懷孕十個月
（36週以後）

胎兒的樣子：呼吸器官、消化器官等內臟器官相當發達，運動也變得很活潑，對感染已經持有抵抗力，胎兒無論何時都為迎接出世而做了萬全的準備，此時身長是五〇公分，體重是三公斤左右。

母體：子宮底再度大三～四公分，頻尿、白帶分泌物增加，有時腹部會脹痛不舒服。開始檢查住院時攜帶的物品，並事先和丈夫商量不在家期間萬事拜託。

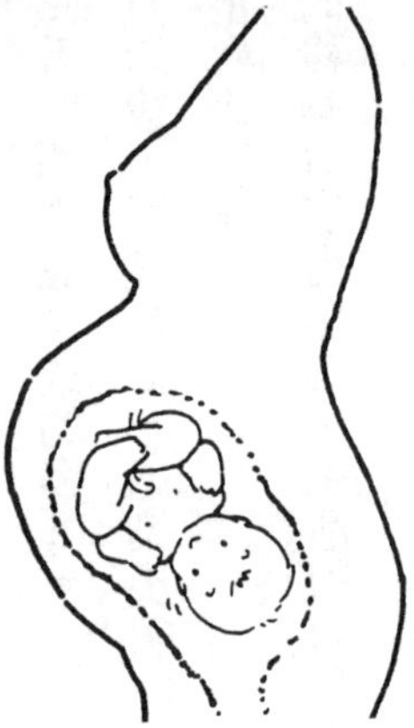

懷孕十個月的生活記錄（36週以後）

●懷孕進入了第十個月時，孕婦須每週一次進行產前定期健康檢查，不能有所遺漏。

●在家事方面，孕婦還是如往常一般去做，而睡眠和休養必須充分。

●孕婦在每日沐浴時，身體須清洗乾淨。由於白帶分泌物增多之故，孕婦的內衣要確實的更換。

●為避免是否準備有所漏失疏忽，孕婦應該事先核對一遍。

●孕婦應該避免長時間的外出或

遠行。

●孕婦要特別留心下腹部的疼痛、分泌物、出血等身體的變化。如果有任何異常情況，要馬上前往醫院作檢查。

●孕婦在早晨起床時，發現臉腫起來、或手浮腫、或者體重突然急速增加的話，馬上前往醫院和醫生商量。

●在發現自己懷孕後，最好先將戒指取下。

●當孕婦發現自己有頻尿、排尿時有疼痛感、尿液中夾雜著血液等情況時，這種症狀疑似膀胱炎，或者是腎盂炎，這時孕婦要馬上接受醫生的診斷治療。

●孕婦在懷孕十個月時最需注意的是前期破水（流出羊水）。而在白帶分泌物方面，如果是呈現出赤褐色或紅色的白帶的話，就已經很嚴重了，孕婦必須留心注意，並立即前往醫院。

現在才知腹中的胎兒竟是那麼清晰詳細

最新胎兒學

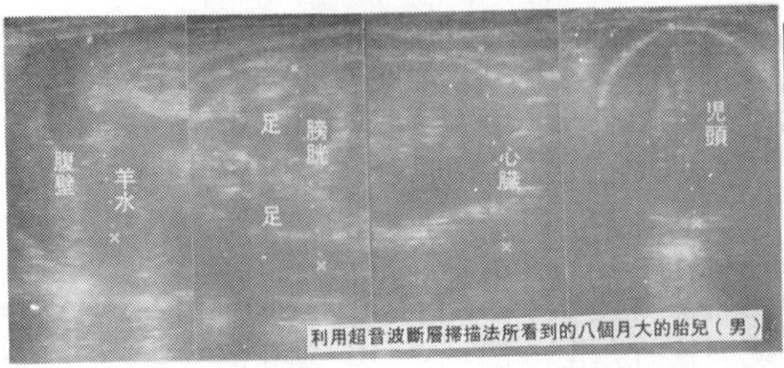

利用超音波斷層掃描法所看到的八個月大的胎兒（男）

超音波斷層掃描裝置

在孕婦的腹壁上貼放著超音波，並在布朗管上顯像。

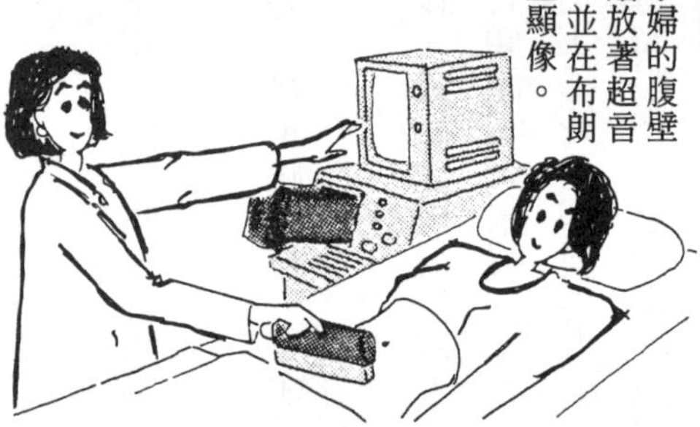

使用超音波儀器，可以很容易看見胎兒

拜醫學的迅速進步所賜，可在孕婦的子宮中放置照相機，或使用超音波儀器，使腹中的胎兒模樣清晰可見。在醫學日新月異的今日，超音波的功能並不只限於觀看胎兒的情形，還可以用來發現母體的疾病，因此超音波儀器在婦產科醫院漸漸地被廣泛使用著。

週波數極高的超音波隨著懷孕中母親的

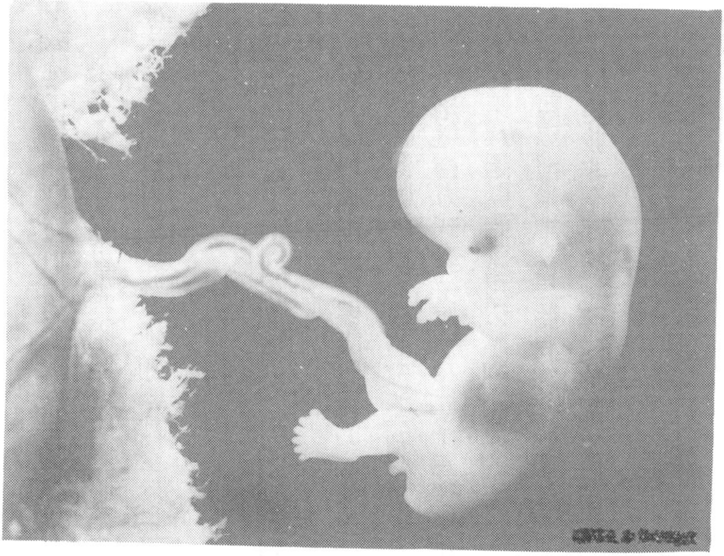

懷孕三個月的胎兒

腹壁移動，而音波是反射胎兒的碰撞，並將此情況映在布朗管上而顯像出來，在正式的名稱上，這種方法稱為「超音波斷層掃描法」。

懷孕四個月，使用超音波可得知胎兒吮著指頭和辨認性別

由於使用超音波可獲知許多胎兒及母體的情況，在婦產科醫院裡超音波斷層掃描裝置是不可缺少的。在孕婦懷孕初期中，能夠從超音波中得知孕婦的懷孕週數，如果音波接觸腹中的胎兒，測量胎兒的身長的話，可以準確地計算出來。

而且孕婦懷孕約四個月時，胎兒在母體

中吸吮手指頭的模樣，男生或女生的性別也能夠清楚地判斷出來。

除此之外，是否是雙胞胎或三胞胎等多胞胎；或者是否是畸形、葡萄胎或子宮外孕等異常狀況，都可由超音波中獲知。甚至於也可以用超音波的探測而得知胎盤的位置、子宮或卵巢的疾病。

孕婦懷孕至第八週時，可以聽見胎兒的心跳聲

初次聽到腹中撫育健康胎兒的心跳聲時，這是比什麼都令人感動的吧！那是因為在母體腹中放置著像聽診器一樣的儀器的緣故。

但是這種方式在孕婦懷孕二十三週以後就聽不到了。使用超音波斷層掃描裝置時，孕婦懷孕從第八週開始就可以聽到胎兒的心跳，但如果使用「都卜勒」的方法，則約懷孕十二週左右才可以清楚地聽見胎兒的心跳聲。

但是並非全部的懷孕情形都可以使用超音波，即使是再怎麼棒的超音波斷層掃描儀器。

為了腹中的胎兒千萬別焦躁不安，要安穩的度過懷孕生活

最新胎教

高音或大聲時會使胎兒的心跳數、胎動變得激烈

孕婦腹中的胎兒其聽覺完成的時期約孕婦懷孕三個月左右。如果是懷孕五個月的話，在腹中的胎兒漸漸地會對各種聲音產生反應。而胎兒在腹中首次聽到的聲音是母親動脈流動的聲音。嘩啦嘩啦的就像是瀑布的聲音一般。

胎兒約五個月大左右時，其所聽到母親動脈的流動聲音還很小，但從八個月大開始就能夠聽得很清楚了，並且也能夠聽到大且有節奏的聲音。甚至於胎兒到九個月、十個月的時候，除了母親的血流聲之外，母親的說話聲音，父親、兄弟等的說話聲音也能夠聽見。而這些聲音是透過母親的身體組織而進入的緣故，只要把高分貝的聲音降低成低音，胎兒就能夠聽到外界傳入的聲音。

所謂安穩的生活

腹中的胎兒對大的聲響或母親的感情波非常的敏感，所以在懷孕過程中不妨多考慮到胎兒安安穩穩的生活。當然聽好的音樂對胎兒而言是很不錯的胎教。

忌諱心情焦躁不安

總是在意某些事而焦躁不安、愁眉不展的母親也會造成腹中胎兒的情緒不穩定。

對剛出生不久的嬰兒進行讓他聽各種聲音的實驗，嬰兒對高的聲音顯現出抵抗的樣子，似乎討厭。相反的讓他聽到低沉的聲音時則安安靜靜的，看起來似乎是安心且想睡覺的傾向。所以胎兒在腹中聽到母親的動脈流動聲音及母親的說話聲音峙，其反應都很平穩，似乎安心的感覺很強烈。由於胎兒在五個月大左右就能夠聽到聲音，所以盡量讓胎兒聽優美的聲音，這也是可算胎教的一種呀！

懷孕中的焦躁不安，夫婦吵架等胎兒也是不喜歡的

從古時候開始就有所謂的「胎教」。這是從中國古老的教育演申而來的。孕婦一邊

夫婦恩愛、感情好才是最好的禮物

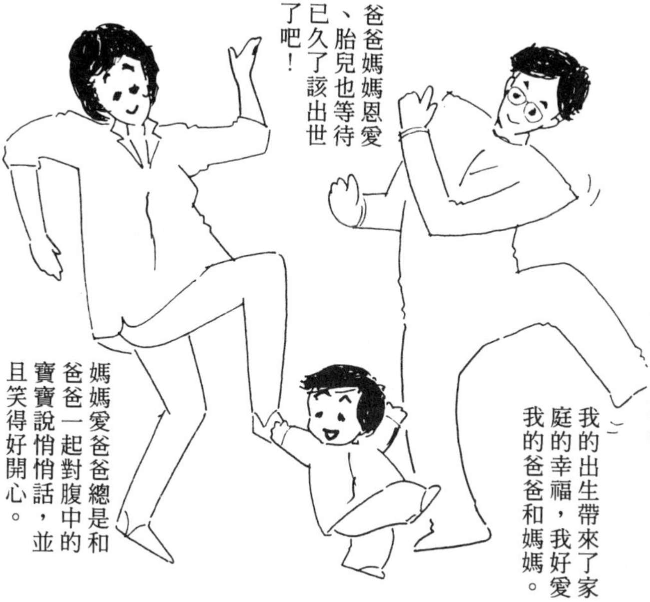
我的出生帶來了家庭的幸福，我好愛我的爸爸和媽媽。
爸爸媽媽恩愛、胎兒也等待已久了該出世了吧！
媽媽愛爸爸總是和爸爸一起對腹中的寶寶說悄悄話，並且笑得好開心。

欣賞王者的畫；一邊祈禱著孩子能獲得聖賢之士的撫育，不久這孩子長大成人以後就成為一國君主的故事就如此產生。在懷孕中的母親一味的像這樣只考慮孩子的事，心平氣和安穩的生活是很重要的說法不脛而走。由於胎兒約八個月大後，能夠很清楚地聽到各種聲音的緣故，因此孕婦要謹慎選擇刺激胎兒，讓胎兒興奮的聲音。

此外，不僅僅是聲音而已，母親在興奮、憤怒、感動的時候，心臟的跳動會加快，所以也會傳達至腹中的胎兒。甚至於懷孕中平穩的生活，良好的夫婦關係、舒適的環境等都會對出生嬰兒有所影響的，所以懷孕中的母親應該儘量避免焦躁不安，以及夫婦爭吵。

懷孕後一定要檢查血型，以備萬一

血型不適合是什麼原故呢？

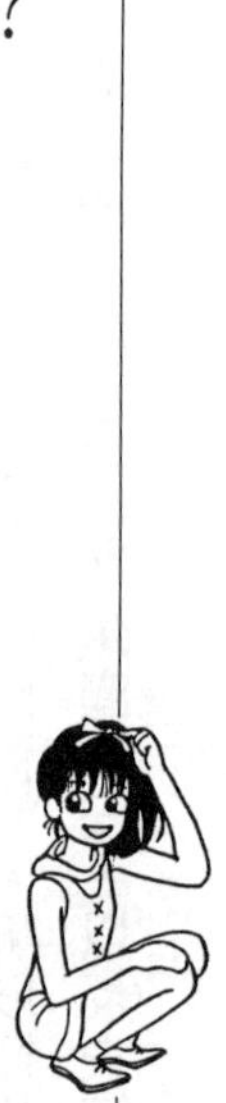

以ABO血型為主題，相同的血型時需從輸血來看其凝聚反應

懷孕初期初次接受診斷的時候，幾乎是檢查血型。一般而言，血型可區分為A、B、AB、O型等四種類，雖然已經確認了ABO式的血型，但是除此之外，在RH型的分類法中還需要檢查父母親的血型是否有所不同。

首先有關於ABO血型的問題是，伴隨著異常妊娠或異常分娩時所引起的出血情況，就有必要進行輸血。而且即使是正常的生產，也會帶有某種程度的出血情形。如果發生大量出血的時候，為以防萬一；事先知道孕婦的血型是有必要的。如果輸血時輸入了不適合的血液，會引起凝血反應而造成血液凝固的話是相當危險的。因此A型與B型是不能互相輸血，但是不管是A型或B型卻可以輸給AB血型，AB血型皆可接受。相反的，O型的血型是可以輸血給任何一種血型的人，但是O型的血型只能接受O型的輸血。

所謂RH式血型的不適合指的是：母親是RH式（一），父親是RH式（十），而胎兒的血型是RH式（十）的問題

當RH式血型（一）的女性身體注入了RH式（十）的血液時，女性本身的RH（一）血型會對RH（十）產生抗體而排斥，這抗體通過了胎盤，進入了胎兒的血液中破壞胎兒的紅血球（RH（十）），結果引起胎兒嚴重黃疸症。然而RH（一）的女性體內為何會有RH（十）的血液存在呢？其原因是因為輸血的緣故（現在幾乎沒有了）。孕婦在第一次懷孕時，像上述血型不適合的情況下當然是正常生產。但問題是出在懷第二胎時，所以當母親懷完第一胎後就必須直接向母親注射不產生排斥抗體的藥劑，如此一來才能安心生育下一胎。

母	父	胎兒
十	十	十 一
十	一	十 一
一	十	十 一
一	一	一 一

已經不要緊了

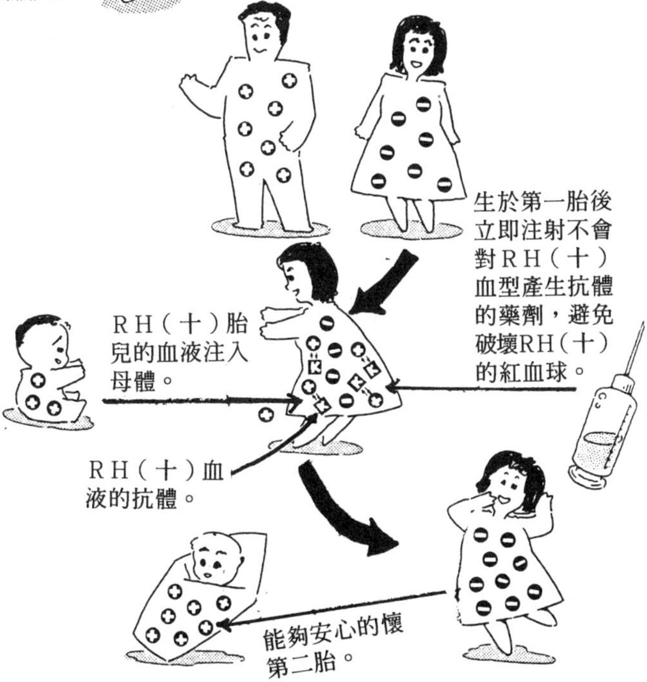
生於第一胎後立即注射不會對RH（十）血型產生抗體的藥劑，避免破壞RH（十）的紅血球。
RH（十）胎兒的血液注入母體。
RH（十）血液的抗體。
能夠安心的懷第二胎。

雖然如此，在實際的輸血情況下，最好的原則是使用相同血型來進行輸血。

以RH型為主題，孕婦生第二胎時就會發生血型不適合的問題

通常孕婦在懷孕初期時，就使用RH血型的分類法來檢查RH型的（＋）和（－）。而RH型血液的（＋）和（－）產生不適合的情形時，會引起胎兒紅血球被破壞；也就是引起胎兒溶血性貧血及黃疸疾病的來源。結果會造成胎兒死亡或者由於嚴重性黃疸而侵犯新生兒的腦部神經，而引起腦神經麻痺。

RH型的血型有（＋）和（－）兩種類。如果丈夫是RH（＋），而妻子是RH（－），胎兒的血型是RH（＋）的情形時就會引起血型的不適合。就是說母體血液對RH（＋）產生破壞抗體，而破壞抗體在胎兒的血液中起作用，進而破壞胎兒的紅血球。但是如果夫妻的血型皆是RH（－），胎兒也是RH（－）的情形時，就無須擔心會造成傷害。

然而也有可能父親的血型是RH（＋），母親是RH（－），胎兒的血型是RH（＋）時，在孕婦生第一胎時，還不致於造成嚴重的血液問題，但是問題是出在孕婦懷第二胎時就必須採取必要的對策來應付了。其應付的對策是孕婦在生產完第一胎不久之後，向母親注射無法對血液產生抗體的注射劑，這樣母親就能安心的懷下一胎。

懷孕初期所擔心的懷孕症狀和疾病

欲度過噁心嘔吐的過渡時期，最好的秘訣是別太過神經質

懷孕的症狀因人而異

懷孕時會出現各種不同的症狀，但那是因不同的體質而有不同的反應，其程度也是因人而異的。有些人懷孕了還是與平日並無兩樣，有些人則是蠻不在乎，若無其事的模樣，但也有人懷孕的症狀是吐膽汁或吐血的嚴重症狀。

噁心、嘔吐的主要症狀是，空腹或者是清晨醒來孕婦很容易引起噁心、反胃、想吐。而且懷孕的時候，孕婦對氣味很濃的東西或者是聞到了飯、燉食物的熱氣等，就會有強烈噁心、嘔吐的感覺。

在懷孕時飲食的偏好也會有所改變，例如：孕婦會很想吃酸的東西，相反的也有些人會變成想吃味道很濃的東西。除此之外，到目前為止吸煙的人沒有因為懷孕的緣故，而突然討厭吸煙，也沒有不吸煙的人因爲懷孕之故，而變成想吸煙。除了上述的情形外，孕婦還會感覺到有強烈的口臭、頭痛或頭暈、便秘、疲勞等症狀產生。

一般所謂的妊娠反應（孕吐症狀），指的是想吐、噁心、反胃等症狀，對孕婦全身的狀態並無害，所以妊娠反應和嚴重的孕吐症狀要有所區別。而嚴重的孕吐症狀是，一天噁心嘔吐好幾次，無法進食，情緒低落，無法起床的狀態，孕婦的身體呈現衰弱的狀況。如果懷孕時，孕婦有上述的情形或其他異常的症狀出現時，必須留心身體的變化並和醫生商量。

妊娠反應剛開始的時期，一般是從懷孕五～六週開始，並持續到約一～二個月左右。妊娠反應早些出現的人，大約是月經稍有延遲的時候，就開始有噁心、反胃、想吐的症狀出現。而有關妊娠反應的結束時期則是因個人體質而有所差異。其至於有些人懷孕已超過了五個月，還會有噁心反胃、嘔吐的感覺。但是通常孕婦懷孕到四個半月左右，很快的噁心、嘔吐的症狀就消失了，食慾不振的情況已痊癒，反而變成食慾旺盛。妊娠時期難受的症狀大約持續五～七週後才會漸趨平息，為了寶寶，母親可要好好加油喲！

為什麼會引起妊娠反應（孕吐）

對母體而言妊娠反應的主要原因是，母體對含有某種蛋白受精卵的絨毛（胎盤的一部份）所產生的反應之一。胎兒顯注發育的時期大約是孕婦懷孕到五～六週左右，胎盤前身的絨毛開始分泌許多促性腺激素的荷爾蒙，而此種荷爾蒙分泌量最多，最旺盛的時期大約是孕婦懷孕五～六週開始到十一～十二週左右，而恰好這個時期是妊娠反應最嚴重的階段。促性腺激素能夠刺激副腎作用而引起嘔吐、反胃等症狀，因此懷孕時引起妊娠反應是由於性腺激素刺激的說法也有。但是也有例外的情形，嚴重的妊娠反應是由於絨毛的精力旺盛之故。所以孕婦要度過這種難受

●懷孕期間和預產期

如果說懷孕期是十月十日的話，根據統計顯示：最後一次月經的第一天開始算起到第二八〇天，總共四〇週就會分娩，就懷孕的情況而言，一個月有二八天，那二八〇天一共有十個月。

所謂預產期是以二八〇天為標準的，但有前後二週的彈性弧度。在此預產期的計算方法是：如果知道最後一次月經的月份和日期的話，就可以簡單的計算出預產期。總之公式如下：月數減三加九加七就是答案了。但是這公式只適用於月經週期二八天者，月經周期比二八日短或長的人套這公式就不準了。例如：月經周期是三五天的話，會比二八天的人慢一週排卵，當然受精的日期和預產期都會遲約一週左右。相反地，周期比二八天短的人其預產期的計算方法要比二八天早。下例以供參考不妨計算看看。

最後一次月經	2 月 10 日
	+9　+7
生產預定日	11 月 17 日

最後一次月經	12 月 28 日
	−3　+7
	9月 35 日
	‖
生產預定日	10月 5 日

的症狀，可得忍耐一番了。如果懷孕時沒有妊娠反應，那胎兒的生育情形會很軟弱的說法是沒有的，然而似乎有人認為孕婦的孕吐現象是精神上的，對胎兒有很大的影響。

關於孕吐現象是有特例可尋的，孕婦住院之後，由於環境改變的緣故，妊娠反應全部痊癒的情形也有。而神經質人似乎對懷孕有種不安、耽心的感覺，改變對食物的偏好，只要稍有孕吐的症狀一出現，就會有嚴重想吐、噁心、反胃的感受，所以懷孕時，最好是儘可能的保持身心的舒適平穩，別太過於神經敏感。

輕微妊娠反應（孕吐）的種種竅門

一、為了轉變情緒、動動您的身體與嘴

一人在家裡閉關自守時，情緒上會變得更加的惡劣。這時孕婦可以專心於自己的興趣、愛好方面，或變化房間的模樣、或外出散步、閒逛，總之就是活動身體。也可以和朋友或長輩一起聊天等等，這對改變情緒是很有幫助的。

二、進行「吃」的戰術

孕婦有孕吐現象出現的時候胎兒還很小，所需要的營養份量極少，即使孕婦吃了食物後又吐出來，這對腹中的胎兒營養的攝取不會有影響，所以無需憂心忡忡的。寧可母親為了自己的身體吃想吃的東西；實行所謂「吃」的戰術。有關攝取均衡的營養，即使在孕吐現象平息後才徹底實行，還是可以的。

三、避免讓胃空空的，並涼一涼欲吃的食物

孕婦胃空空的時候，情緒會變得低落，特別是清晨醒來，因為空腹的緣故很容易噁心、想吐，所以孕婦不妨先在枕邊準備一些薄片餅乾、甜餅或飲料等，當眼睛一張開的時候馬上可以吃到東西，那還挺不錯的。半夜的時刻也很容易胃空空的，所以孕婦也可以在睡前吃一些易消化的食物，這樣

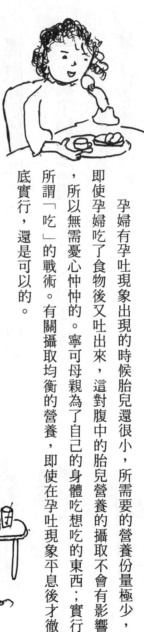

一來胃才會比較舒服。

還有在懷孕的時候似乎冷的食物比熱食更容易進食。所以孕婦不妨多下一點功夫，把飯涼一涼捏成飯團，湯汁也涼一涼等。

四、多攝取水分多且合味口的牛乳、水果等

懷孕的時候沒有食慾，而只想吐的情況下，所令人耽心的應該是脫水的症狀。因此孕婦與其攝取養分，倒不如多攝取一點水分來的恰當。例如：果汁、肉湯、牛乳、冰淇淋、水果等合口味的食物不是很好嗎！

五、請勿怠忽避免便秘的對策

便秘是因為腸內發酵所引起的症狀，而這種

不舒服的感覺會越來越嚴重。特別是懷孕的時候，孕婦很容易引起便秘，所以要注意大便的排泄。

為了預防便秘的情況，孕婦應該多攝取水分多、纖維質多的蔬菜或地下莖類的食物。如果是難以治癒的便秘，一定得和醫生商量。自己隨意亂服用瀉藥的話，是很容易造成流產的危險。

六、有時外出用餐可以改變心情

大多數懷孕的人都不喜歡下廚房，主要的原因是因為有孕吐的特徵。所以有時到附近的餐廳去用餐，或者回娘家去飽餐一頓等。

懷孕時的漫長時光，最重要的是丈夫的協助。當妻子偶而偷懶不做家事時，丈夫應寬容不予深究，孕婦也不要一個人沈浸在悲壯的感覺裡；獨自度過艱苦期，偶而對先生撒撒嬌也是不錯的。為了生育下一代，應該和丈夫共同攜手度過難受的階段。

除妊娠反應之外，懷孕時期身體會有所變化

懷孕階段會伴隨著各種不舒服的症狀

便秘

女性常常很容易便秘，尤其是在懷孕的時候便秘的人更多。引起便秘的原因是由於懷孕的緣故，母親體內分泌黃體激素，因為這個激素的影響，所以孕婦很容易引起便秘。而黃體激素的作用是；能夠慢慢弛緩子宮。為配合胎兒的發育子宮有慢慢變大的作用，為了撫育胎兒的成長，黃體激素扮演著重要的角色。但是，另一方面黃體激素也有促進腸胃的蠕動，平滑筋肉的作用，所以如果腸的蠕動變得緩慢無力時，大便排泄困難；因而容易造成便秘。

另外，懷孕時期容易造成便秘的另一個原因是，漸漸變大的子宮

壓迫著腸子，而造成大便滯留於腸中的緣故。這時孕婦應該多吃纖維質多的食物，並且做做家事或散步等活動身體。

腰酸背痛的症狀

在懷孕初期正好是孕吐時期，很可能孕婦會有頭痛的症狀產生，這完全是黃體激素的影響。大約孕吐現象漸趨平靜的時候，頭痛的症狀自然會消失。

從懷孕中期開始，逐漸變大的子宮會壓迫腳部神經，所以孕婦會有腳酸腰痛的現象。而且附著在子宮的韌帶會隨著子宮突然肥大而有所拉長，因此恥骨的根底就會有疼痛的感覺。

但是上述的疼痛會隨著生產結束之後而消失，所以孕婦只要能夠獲得充分的休息，就可以減少疼痛感。

痔瘡

隨著子宮的變大，就很容易形成痔瘡。原因是因為：由於懷孕時期子宮增大，壓迫著周圍的血管，使得肛門及直腸四週的靜脈腫脹，而形成疣一般的贅肉，這時痔瘡因而形成。雖然生產結束之後，這種症狀自然會消失的，但是為了預防，首先要孕婦避免便秘才行。孕婦在大便排泄完之後，用乾淨的棉花擦拭；因為保持乾淨清潔是相當重要的。如果有嚴重出血或疼痛的時候，請向醫生索取浣腸劑或外敷藥的藥方。

老人斑、雀斑

懷孕的階段由於荷爾蒙分泌的緣故，色素沈澱而使得老人斑或者雀斑的顏色變深，這時孕婦或許會耿耿於懷也說不定，但是，只要生產結束之後，自然會恢復正常的，所以孕婦無需太過於在乎。

而欲預防的方法是孕婦外出時，須戴帽子或撐傘等，避免讓陽光直接照射在臉上，並且儘量攝取維他命C、B，以及品質良好的蛋白質等，這樣預防才有效果。

小腿抽筋

一到懷孕後期的階段，在腳伸長的瞬間或者在夜晚睡眠時，突然腳抽筋，小腿痙攣，或是大腿的肌肉抽筋時，隨之而來的是激烈的疼痛。原因雖不是十分清楚；但是似乎補充鈣質就可以預防抽筋，所以孕婦要多攝取牛乳之類含有豐富的鈣質及礦物質的食品。此外，孕婦也要注意避免腳泡冷水，長時間走路或長時間站著說話。而治療抽筋、痙攣的方法是仔細按摩、搓揉，就會有效果地減少疼痛。

靜脈瘤

懷孕時孕婦的小腿、大腿、外陰部等青色的血管鼓起、浮現出紫色細小的血管時，這就是靜脈瘤。引起靜脈瘤的原因是因為逐漸變大的子宮壓迫著骨盤腔內的血管，而造成淤血的緣故。孕婦長時間持續地站著很容易引起靜脈瘤，所以不妨走一走或者把腳抬高休息。

當靜脈瘤的情形頗為嚴重的時候，孕婦不妨考慮購買市面上所販賣的彈力繃帶或是運動護帶，將它纏在局部就可以了。

頻尿

隨著子宮的逐漸變大，鄰近子宮的器官膀胱遭受擠壓的緣故，即使只有些許的尿液，但是尿意甚濃。特別是一到懷孕的後期階段，由於腹中胎兒的頭部擠壓膀胱的緣故更是想撒尿。

但是，不僅僅只是頻尿而已，在尿中還夾雜著些許的血絲，如果這時孕婦排尿有疼痛的感覺，就有可能感染了膀胱炎，或是腎盂炎，因此要立刻到醫院檢查。

懷孕時孕婦除了會有上述種種不舒服的症狀之外，身體也會引起各種變化，例如：頭暈目眩、心悸、上氣不接下氣、易浮腫、皮膚粗糙、手指麻痺、白帶變多等等。

而這些症狀在生產過後自然會痊癒。

戲劇性變化的懷孕階段併發症使母體蒙上了雙重負擔

有慢性疾病的人要有所警惕

以母體的安全為最先優先——心臟病

心臟的負擔會給母體帶來各種影響

在懷孕的併發症中最大的影響就是心臟病了。在懷孕的後期，子宮大的佔滿了整個肚子，並壓迫著胃或肺部，而心臟的位置也稍微的錯開。然而變大的子宮也擠壓著大靜脈，使流回到心臟的血液變得困難不順暢。相反地，因為懷孕的緣故，對血液的需求量相對增加，如此一來就造成了心臟的雙重負擔，因此就併發了心臟病。這時孕婦要密切的連絡心臟的專門醫生及婦產科的醫生，非得仔細地配合母親的懷孕經過及母體的變化。

●依據心臟病的症狀程度來看，可分類成四大階段。即使是安安靜靜的，呼吸似乎會變得困難不順；在日常生活中無特殊的症狀產生，只能以檢查的所見看出輕微的症狀等。

●心臟病中最嚴重的症狀是，例如：呼吸受堵塞一樣無法入睡，口吐白色泡沫的人如果懷孕的話，就非常麻煩了。在分娩前要十分注意，孕婦必須遵從醫師的指示確實去做。像如此嚴重的症狀下懷孕、生產是很有可能使孕婦致命的。所以事先採取避孕的措施是必要的。如果已經懷孕的話，在懷孕的初期接受人工流產的方式是必須的。

●相反的，如果是心臟病中最輕微的症狀，或者是心臟病初期以外科手術而完全痊癒的人，不管是懷孕或是生產就沒有障礙了。

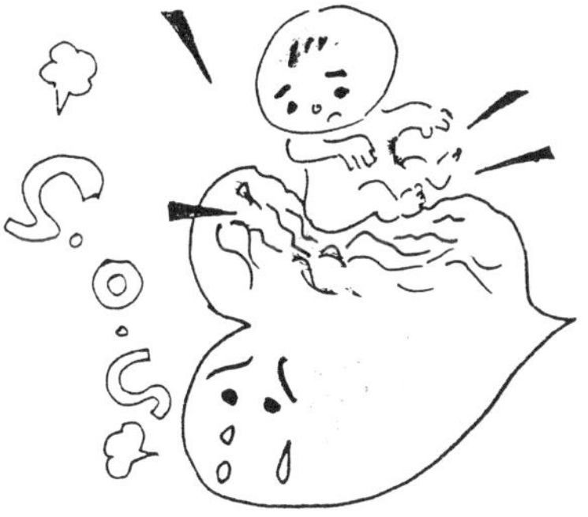

●問題是心臟病的症狀是列於中間分類的單位。平常做一些稍微費力的工作的話，馬上會引起心臟病症狀的情況下，即使懷孕了；是否果真能夠生產其令人耽心之處還是很多。已經發現有心臟病的孕婦應該生寶寶，或是優先考慮母體而實施人工流產好呢！像這情形徘徊在十字路上的孕婦似乎不少。以作者的立場來看，應該先考慮母親才是。

此外，由於心臟專門醫生和婦產科醫生密切的攜手合作而診斷情況下，孕婦也很有可能可以生產，總之對孕婦採取安全對策是必要的。而孕婦在分娩預定日的前幾天，辦理入院以作萬全的生產準備，並以最好的狀態下期待生產是不可欠缺的。孕婦在生產完後也須充分的監視，得仔細地照料母體的生產後的經過。

總之，心臟病可以說是懷孕併發症中最令人憂心，最重大的疾病。

注意不可輕忽的──肝臟病

由於懷孕時因荷爾蒙之故引起黃疸，以及感染B型肝炎

懷孕時會自胎盤分泌出比平常超出數百倍的荷爾蒙──類固醇的緣故，而使肝臟造成相當的負荷。人在懷孕的時候，白色眼球會變成黃色，這就顯現出黃疸的症狀了。但是像這種症狀在生產完後，自然會消失痊癒的。

一方面在肝病的情形中，輸血後出現黃疸，則是引起了輸血後肝炎。這是由濾過性病毒所引起的肝炎，提供血源的人其血液中夾雜著所謂HB抗原的濾過性病毒（B型肝炎濾過性病毒）的緣故，因而發病的。由於最近已不再使用夾雜著濾過性病毒的輸血血液，B型肝炎已明顯減少了。

但是值得令人憂心的是如果母親是HB抗原濾過性病毒的帶菌者，在生產的時候，透過產道而胎兒與母親的血液接觸，也很容易使胎兒感染B型肝炎。所以感染肝炎疾病未必一定要肝臟發病才會引起感染。而如果持續擁有HB抗原濾過性病毒的話，據說將來或許會成為肝臟病也說不定。而且如果胎兒是女孩的話，那下一個世代的寶寶也將持續是濾過性病毒的帶原者。

除了上述點之外，即使母親擁有HB抗原濾過性病毒，在懷孕及生產時無須擔心，或許將來母親本身會有肝臟疾病也說不定，但偶而接受肝臟機能的檢查並進行治療。像懷孕中的肝臟疾病，有因懷孕的緣故而分泌類固醇，而引起的黃疸及因濾過性病毒而引起的B型肝炎。而不管黃疸也好，B型肝炎也好，對懷孕生產都會造成嚴重的影響。

必須特別注意的疾病——糖尿病

併發糖尿病的疾病時，很容易早產並生育出巨大的嬰兒

糖尿病被稱為是成年人疾病，由於這種疾病在中年以後發病的情形似乎有很多，所以即使是年經的母親很容易認為糖尿病是與自己無緣的吧。但是，糖尿病是遺傳性甚濃的疾病，因此有些女性借懷孕的契機而將糖尿病的症狀顯現出來。通常父母親有糖尿病的人，平常就應接受檢查會比較理想，不然在懷孕時才不會措手不及。

●糖尿病的孕婦對胎兒造成的影響是，孕婦很容易生育出巨大的嬰兒。所謂「巨大嬰兒」是指剛出生的時候體重約四千公克以上的大型胎兒。通常出生的嬰兒體重超過了四千公克是無庸耽心害怕的，但是母親有併發糖尿病的情形則另當別論，因為母親所生育的胎兒是「巨無霸」；問題重重的嬰兒。這種嬰兒體型不但比一般的嬰兒來的龐大，而且胰臟的機能不佳，除此之外，其他的器官尚未成熟，功能亦不健全，或者出生前就胎死腹中；或者在生產中或生產之後不久胎兒就死亡的例子也不少。

一般在生育階段，孕婦分娩前後胎兒就死亡的比率（指周產期死亡率而言）平均在百分之一以下，但是如果孕婦有糖尿病併發症的話，其胎兒的死亡率約佔百分之十，約正常分娩時死亡胎兒的十倍左右。總之，有糖尿病併發症的孕婦在十人之中有一個人會失去胎兒，所以基於以上的原因孕婦要特別注意才行。

●只要一懷孕，孕婦每個月要接受一次以上的產前定期健康檢查，進行檢查時一定會驗尿，而尿液中是否含有蛋白質，或者檢驗是否含有糖分等等。在檢查是否有妊娠中毒的同時也一併檢查有無孕婦糖尿病，所以定期的產前健康檢查對孕婦而言是非常重要的。

孕婦在進行產前檢查時，意外的尿糖呈陽性反應的情形是常見的，但是並非是真正的糖尿病。一到懷孕中期以後腎臟的功能遲緩，飲食過後不久，就會有糖尿排泄出來，孕婦無需擔心。像這種飲食過後假的糖尿病和真正的糖尿病的區別，只要透過檢查馬上就能明瞭。

孕婦可以利用空腹的時候，依照糖負荷的試驗來測定血液中糖份量的變化，診斷孕婦的尿糖及血糖。

如果前次生育出巨大嬰兒，或家譜中有家族遺傳性糖尿病，或者上一次是胎死腹中的情況等，需好好和醫生商談一番，並接受適當的指導，以迎接母子都平安健康的生育。

年輕時候生育較安全——慢性腎臟病

即使尿液中有尿蛋白的出現而能順利生育的情形也很多

懷孕時併發了腎臟病時，也可以說是已經有妊娠中毒的症狀了。孕婦很容易因懷孕而引起妊娠中毒的疾病。其症狀是：在懷孕的初期會引起妊娠孕吐反應，一到了中期的階段孕婦會有些浮腫、高血壓、尿液中有尿蛋白的情況產生，所以孕婦一感染妊娠中毒，對胎兒造成的影響是早產或者是胎死腹中的情形。而且嚴重的話會造成孕婦痙攣喪失意識，這對母子雙方都是相當危險的。

●有腎臟疾病的女性一旦懷孕，可以被視為具有上述所言之嚴重的妊娠中毒症狀之一的說法並不誇張。因為有腎臟病的懷孕女性，大部份是屬於混合型的妊娠中毒，而且很容易使中毒的情形加劇，所以孕婦非得小心不可。而且根據病情或疾病的程度來看，原本就有糖尿病性腎症、腎臟炎、腎盂炎等腎臟疾病的人，需要和專門醫生商量，決定懷孕與否，這是很重要的。

●但是如果孕婦原本就有慢性腎臟炎，且在尿液中有尿蛋白的出現，胎盤並未有異常的現象，就不是所謂的「妊娠中毒」了。胎兒的發育很正常，胎死腹中的機率並不高，平安無事順利生產的情形亦不少。如果有「血壓正常，尿中有尿蛋白的話適合懷孕嗎」的疑問時，除了仔細檢查腎臟的功能之外，懷孕的可能性很高。但是在這種情況下很容易在懷孕的過程中併發妊娠中毒，而且病情加劇的可能性頗高，非得注意不可。聯合內科的專門醫生及婦產科醫生共同協力合作，小心檢查密切注意病情的演變經過。

●因為尿液中有尿蛋白而放棄懷孕，並在初期就實施人工流產的話；並不值得贊許，而且也沒有任何的併發症發生時，就高齡產婦而言，很容易引起妊娠中毒，如果在年輕的時候就懷孕、生產的話，這項重大的工作不就可以獲得正確的解答。所以在腎臟上如有麻煩問題的人希望能在年輕的階段懷孕生產，一旦年齡漸長，身體各部的器官進行著一般性的老化，對懷孕而言都不算是適合的狀態。

此外，有腎臟疾病的孕婦在懷孕生活中，就要十分的小心，把它視為是妊娠中毒的情形般來看待。

大多在懷孕之後才發現——高血壓

保持心平氣和，並留心攝取高蛋白食物及減低鹽的攝取量

如果說因為懷孕而引起高血壓，那指的是妊娠中毒的併發症。而原本就有高血壓病症的女性懷孕的話，其血壓升高的情況並不能稱為是「妊娠中毒」。但是可以確定的是懷孕的孕婦會併發高血壓。

一到了懷孕的後半期，孕婦的產前健康檢查首先是明白血壓的變化，因為醫生要鑑定懷孕以前或者在懷孕初期高血壓等症狀是困難的。因此到底是妊娠中毒或是懷孕所併發的高血壓等的判定，都必須先明白血壓的變化過程，所以孕婦的定期產前健康檢查是十分重要的。

所謂「妊娠中毒」是指胎盤上的問題，通常胎盤的機能不良，而造成胎兒的發育緩慢，不容易撫育。但是，對原本就有高血壓病症的孕婦而言，胎盤的機能正常，就能夠順利地撫育胎兒的成長，這也就是與妊娠中毒有明顯差異的地方，因此兩者的區分是非常重要的。

懷孕前的高血壓是實態性的高血壓（雖然原因並不十分清楚，可能是遺傳性），和上次妊娠中毒所殘留下來的高血壓後遺症，或者因腎炎的後遺症而引起的高血壓等，上述任何一種原因所引發的高血壓在懷孕時都很容易造成妊娠中毒，所以在日常生活中孕婦要特別的小心注意才行。

首先得知自己懷孕之後儘量安靜、心平氣和的，並嚴格的限制鹽分的攝取量，而且規律的飲食生活對孕婦而言是相當重要的。能夠做到上述所言並持續至懷孕的末期而平安無事的話，孕婦自然分娩也是有可能的。孕婦在懷孕之前就已經發現患有高血壓的疾病，進行適當的治療是比什麼都重要的。然而高血壓等症狀在年輕的時候，自我能夠發覺的症狀極少，幾乎無法察覺出來，大部份都是在懷孕時首次的檢查中才有所得知。如果孕婦併發了妊娠中毒的疾病，能夠振奮精神的話，平安無事的自然分娩，撫育胎兒成功的實例也不少，如果考慮到流產的方式時，須早些決定，但無論如何請孕婦遵照醫生的指導，並作慎重的判斷。

嚴格禁止粗心大意的——其他疾病

避孕、早期治療其他的疾病

【結核病】

結核病曾經被稱為「國民病」，是屬於大衆型的疾病。但由於抗生物質或手術之故，結核病幾乎漸漸地痊癒了，現今已完全消聲匿跡。但是，結核病例雖說變少了，然而並非達零的程度。總而言之還是不要粗心大意。

感染了肺結核的疾病時，咳痰中出現結核菌的情形，在疾病尚未完全治癒，症狀未平穩之前；避免懷孕是重要的先決條件。母親如患有結核病，產後嬰兒也有感染結核病的可能，而且母親本身的結核病在生產之後也會有惡化的可能。以前曾患有結核病的人在生產之後，再病發的恐懼還是有的，因此小心謹慎是必須。

【腸胃病】

腸胃病在懷孕期間常常會引起症狀。初期的妊娠孕吐反應常被誤診是胃炎，然而，即使不是誤診，妊娠孕吐反應也會引發出血性的胃炎。

還有便祕是懷孕的附屬品。逐漸變大的子宮壓迫著腸子，而荷爾蒙分泌的影響使得腸子的蠕動不良，基於以上的因素很容易造成便祕。所以孕婦必須注意飲食和運動，而且留心過著規律的生活。然而與便祕相反的症狀是下痢；下痢也很容易造成流產、早產，孕婦非得注意不可。子宮平滑肌和腸管的肌肉是依所在的場所而有所不同，但兩者都是屬於平滑肌。腸因腸肌的蠕動不順而引起下痢時，子宮部位的平滑肌也很容易造成問題，因此發生了嚴重的下痢之後，造成早產、流產的例子也不是沒有。

【痔　瘡】

脫肛或痔瘡是孕婦在懷孕末期申訴最多的病症。是因逐漸變大的子宮壓迫著直腸周圍，而造成血液的流動不順暢的結果，只要生產過後，約二～三週的時間就可以恢復正常。

【闌尾炎（俗稱盲腸炎）】

盲腸炎似乎發生的情形並不多，但是在懷孕的時期都會引發各種病症，當然也包括盲腸炎，所以提前利用手術割除闌尾炎也是不壞的主意。

懷孕期間發生了盲腸炎的疾病，而此時的子宮也因懷孕之故而變大，無法確知盲腸疼痛的地點，而且也很容易弄錯及不能明確的診斷，等出了問題時為時已晚。此外，盲腸炎會造成白血球數量的增加，這種症狀雖然是診斷的線索所在，但是，懷孕時孕婦的白血球也會增加，所以難以當成是診斷盲腸炎的決定性證據，懷孕時期盲腸炎是一件相當麻煩的事。

【甲狀腺的疾病】

有些時候可說懷孕是困難的，但是一旦懷孕的話又很容易引起流產、早產、妊娠中毒，而且生產的時候也很容易發生大量的出血。在疾病未治癒之前最好是避孕，然而即使疾病痊癒了，是否懷孕，最好先和醫生商量之後再做決定。

懷孕時在初次的診斷中，無法發現囊腫及腫瘤

懷孕時的卵巢囊腫及子宮腫瘤

即使大部份是良性的，放置不管也是相當危險的——卵巢囊腫

卵巢囊腫

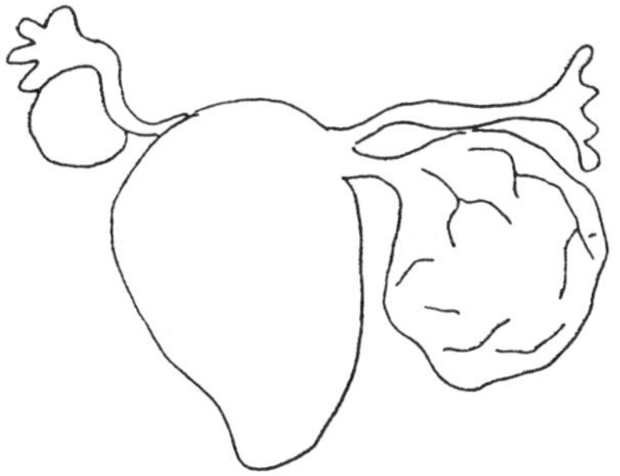

左側卵巢形成一個大的腫瘤，
除非腫瘤很大不然不易發現。

原則上採取手術的方式

正常的卵巢是左右對稱的，體積約拇指般大小，但是基於某些原因會使得卵巢的一側或者兩側變成大的像肉瘤狀，有時也會變成像胎兒的頭那麼龐大。

如果卵巢變得像胎兒的頭那麼巨大的話，肚子會鼓脹所以馬上就可以知道，但是大部份的卵巢囊腫在外觀上是無法辨識的，經由內科診斷時可以發現卵巢

的變化。如果懷孕的話，孕婦會越來越不安。但是卵巢囊腫演變成癌是極稀少的現象，因為卵巢囊腫大部分是良性的腫瘤，然而雖是良性，置之不理的話腫瘤不但會逐漸變大，而且會積存腹水，而使身體逐漸衰弱不振。還有，如果卵巢囊腫的莖幹扭轉時，會引起下腹部的劇烈疼痛，囊腫會造成卵巢歪扭著，結果血液無法流動輸送；形成壞死的狀態，如此一來就會有生命的危險。這種情況下緊急採取手術的措施是必須的。

如果發現了卵巢囊腫的病例，原則上是採用手術切除的方式。在手術的過程中，取出囊腫並檢查其組織結構以確認是良性的腫瘤，或者是惡性的癌症組織。如果是良性腫就可以放下一顆懸著的心。卵巢是左右各一的，如果切除了一側的卵巢，另一側的卵巢依舊是正常的運作、排卵，並且懷孕的機率還是很高的。

自然消失的卵巢囊腫

即使患有卵巢囊腫，一到了懷孕中期的階段，自然消失的特例也是有的。大約懷孕二～三個月左右，雖然發現了握起來約拳頭一般大小的卵巢囊腫，但是一過了四個月左右囊腫就消失的無影無蹤，恢復正常的情形也是有的。這種特殊現象的囊腫被命名為常規性囊腫。

卵巢是受到腦下垂體所分泌的促性腺激素的刺激，而發生排卵現象的。而且懷孕時受精卵在子宮壁內著牀，形成胎盤，並自胎盤中分泌出和絨毛性促性腺激素極為相似的荷爾蒙，所以在懷孕的初期會分泌大量的荷爾蒙激素，並且在孕婦體內循環流動著。但是一旦到了懷孕約四～五個月的時候，荷爾蒙的分泌會逐漸降低減少。

總之，一超過四個月左右就自動消失的常規性卵巢囊腫是由絨毛性促性腺激素所製造出來的腫瘤，一旦到了懷孕四～五個月左右，荷爾蒙的分泌減少了，腫囊也隨之消失無蹤。

囊腫手術的切除最恰當的階段在懷孕約四個月左右

利用手術的方式切除了一側的卵巢，即使是懷孕的時期依然可以順利進行。如果懷孕階段欲進行卵巢囊腫的切除手術時，可以使用「都卜勒」超音波儀器來確認胎兒的心律，而最恰當、最適合的階段約在懷孕四個月左右。在這個時期由於胎兒的身體逐漸長大，痲醉或者注射等都不致於對胎兒造成影響，而且流產的危險也降低了。

是在臨機應變中決定手術切除或保留——子宮腫瘤

在懷孕中進行手術能夠順利生產的實例很多

所謂的「子宮腫瘤」是從子宮的肌纖維所形成的良性肉瘤。腫瘤形成的部位可區分為三種，子宮的外表部位稱為「漿膜下腫瘤」，在子宮壁內的腫瘤稱為「間質內肌瘤」，而在子宮內膜的腫瘤則稱為「粘膜下腫瘤」等。然而腫瘤形成的部位，大小及數量等可能在懷孕中期會自然流產，因此像這種重複性流產的腫瘤不採用手術的方式來切除是不行的。

大多數的女性在得知懷孕之後，同時會發現子宮內部有腫瘤，在這種情況下不管是腫瘤的形成部位、腫瘤的大小、數量的多寡及過去的病歷等，請醫生進行綜合性的診斷，採取手術的方法則是隨病情的深淺才做決定。在懷孕的階段孕婦患有類似重複流產的子宮腫瘤，而且非得利用手術的方式進行切除的情況時，可以在孕婦懷孕至中期以前實施核出手術，而孕婦依然可以繼續懷孕至生產預定日，而且順利生產；母子平安的實例也有。

或者採用腫瘤刮除手術，如此一來孕婦仍然可以經由陰道分娩而生產的例子也不少，因此並不需要將子宮全部切除，可行的辦法還是頗多的。如果孕婦患有子宮腫瘤，不採取手術切除的方法，而就這麼放置著一直待到孕婦分娩之後的特例也是有的，但是腫瘤的切除與否的診斷完全需委託專門醫生。

分娩過後腫瘤自然會萎縮、變小，但還尚未聽說有變成癌化的腫瘤。

腫瘤形成的原因是由女性的某一種荷爾蒙所引起？

未懷孕之前就發現了子宮腫瘤的前兆是：月經過多而且持續性貧血、經痛，甚至於逐漸變大的腫瘤壓迫，而發生頻尿或慢性的便祕。

子宮腫瘤發生部位及種類

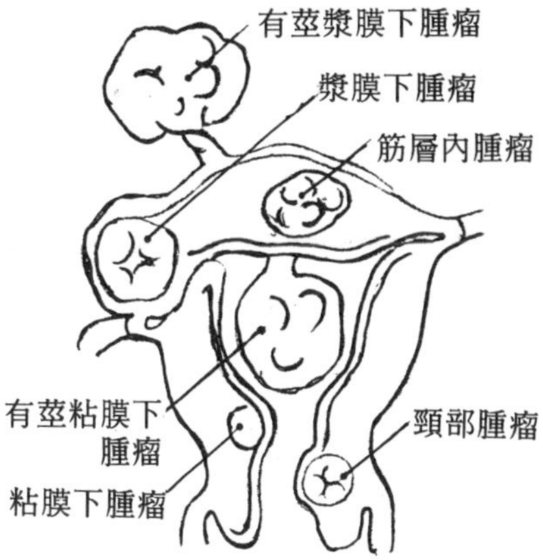
有莖漿膜下腫瘤
漿膜下腫瘤
筋層內腫瘤
有莖粘膜下腫瘤
頸部腫瘤
粘膜下腫瘤

子宮任何一個部位都能夠形成腫瘤

為什麼會形成「子宮腫瘤」呢？至今詳細的原因還不是十分清楚，但是由卵巢所分泌的女性荷爾蒙——雌激素有很大的關係。其證據是一懷孕的時候，因為胎盤的雌激素分泌增多，腫瘤也相對的變大，然而分娩結束沒有胎盤時腫瘤就萎縮變小。而且年齡漸大停經之後，雌激素就不再分泌，腫瘤也就不再變大，只是小小的一顆肉瘤。由此可知，預防腫瘤可以說是別讓雌激素分泌過多。據說長時間使用含有高濃度的雌激素口服避孕藥的話，子宮腫瘤也會逐漸增大，所以有必要小心一點。

懷孕初期在衆多的異常症狀中，僅次於流產的是子宮外孕或者是葡萄胎

可怕的子宮外孕

在懷孕初期如有出血及腹痛的症狀時，首先懷疑的是——子宮外孕

最常見的是輸卵管中受孕

卵子和精子結合，成為受精卵後安全的在子宮著床的話就可以稱為懷孕。一言以蔽之，受精卵不偏不倚的在子宮壁內著床，只限於正常的懷孕而言。但也有在輸卵管中著床並發育的情況。

子宮外孕的位置：例如受精卵在輸卵管著床的情形就是代表性的例子，此外較稀少罕見的特例有在子宮頸著床的子宮頸懷孕，在卵巢著床的卵巢懷孕，在腹膜著床的腹膜懷孕等。在此詳細說明最常發現的子宮外孕代表性例子——輸卵管懷孕。

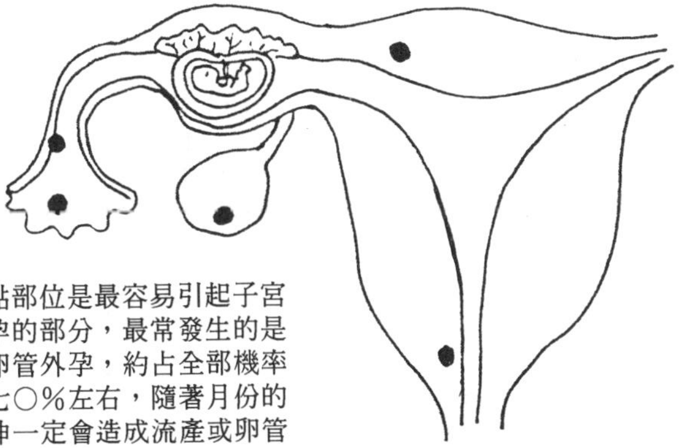

黑點部位是最容易引起子宮外孕的部分，最常發生的是輸卵管外孕，約占全部機率的七〇％左右，隨著月份的延伸一定會造成流產或卵管破裂，因此相當危險。

所謂「輸卵管」，按照其字面的意思來看，它是由卵子所通過的細長管子，由於輸卵管的管壁非常的薄，在此受精、著床、發育是相當危險的。在輸卵管上肉眼無法看見的胎芽還不至於引發危險，然而一旦胎芽變大的話，最好是別讓它在輸卵管內發育、生長。因為其結果是逐漸發育成長的胎芽為了伸展而衝破輸卵管，卵管因而剝落造成流產。輸卵管被衝破、剝落時會引起大量出血，而形成衝擊的狀態。

在肚子尚未脹大的初期階段，而且尚未察覺懷孕的時候，突然因強烈的下腹痛而被送進婦產科的情況下，大體上是因為子宮外孕的緣故，輸卵管破裂腹腔內大量出血的情形很多。

千萬別忽略重大事情發生徵兆

輸卵管破裂的時候其主要的症狀是，突然感覺到腹部激烈的疼痛，而陷入發冷、冒汗等衝擊的狀態中，像上述的情形來看，這種激烈的狀態誰一看都知道的症狀。像這種情形時緊急輸血，並立刻動手術是必須的。但是變成激烈的狀態前，難道沒有其他的症狀嗎？或許讀者會有這一層疑問，事實上在輸卵管破裂之前，輸卵管呈現流產狀態的時候，大部份都會顯現出輕微的症狀，例如：異常的微量出血以及輕微的腹痛，而這是初期的症狀。

有時會感到腹痛，有時會有像月經時的出血情形，而且持續數日或數週流血不止，此時子宮外孕的可能性就已經很高了。

如果已得知自己懷孕的話，也不能忽略子宮外孕的異常症狀，或是一般流產前的徵兆。但如果尚未察覺自己懷孕時，要注意到子宮外孕的症狀似乎是不簡單的。由於在懷孕初期的女性即使有懷孕的症狀出現，但是否是子宮外孕就無法斷定了，因為初期的診斷是相當困難的。此外常使用「女性身體生產變化的話就懷疑是懷孕」，或者「如果知道自己懷孕，就應想到子宮外孕」，這些文句來做自我警惕的用語，目的是讓懷孕者注意身體變化的徵兆，因為就算是婦產科的醫生對子宮外孕早期診斷都會覺得棘手。

但是在最近由於有超音波斷層掃描儀器的運用，漸漸地能夠淸楚的發現早期的子宮外孕症狀，就算是在極輕微的異常症狀，只要接受超音波的診斷就能輕易的迎刃而解。

發生激烈的腹痛時要儘快前往醫院急救

如果子宮外孕而引起輸卵管破裂的症狀時，不早點送醫院急救的話對母體而言是相當危險的，所以一旦發生如此嚴重的情況，一定要儘快送醫不可。萬一輸卵管已經破裂了，並且造成腹腔大量出血的時候，叫計程車或救護車即刻前往有手術設備的醫院去進行急救。

葡萄胎

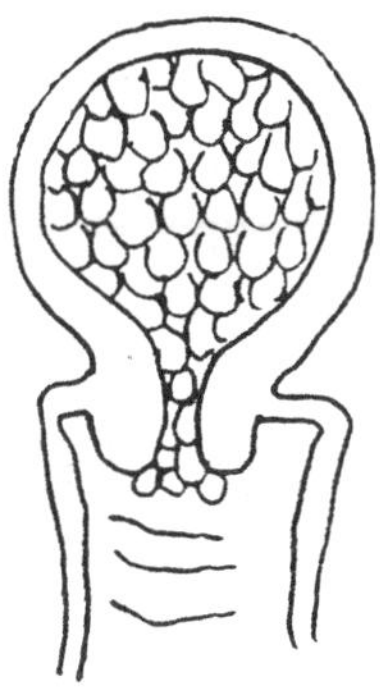

在醫師的許可下確保下次的懷孕是安全的——

葡萄胎（如豐收一般）

懷孕初期子宮異常的變大

由胎盤所製造的絨毛組織異常增殖，到處都是水泡所形成的顆粒，把子宮塞得滿滿的；就好像是葡萄顆粒般的形狀，因此像此種胞狀畸胎被稱為是「葡萄子」或是「葡萄胎」。

懷孕初期階段子宮異常的膨脹變大，而且妊娠孕吐的反應症狀也相當嚴重。雖然子宮逐漸的變大，但是卻無法感覺到胎兒在腹中以及生命成長的喜悅。而且有時候孕婦也會有重複出血的症狀產生，大約是三～五個月左右，充滿整個子宮的葡萄胎會隨著大量出血而形成流產。其血液呈少量的茶褐色，會持續緩慢的流出體外，血液中也會摻雜著像鮭魚卵般顆粒的水泡流出體外。

利用外科手術全部切除是很重要的

如果發現了孕婦所懷的是葡萄胎的話，利用手術的方式將子宮內部的水泡刮除乾淨，像這種異常懷孕的情形，最可怕的是病態的組織變化是絨毛組織的一部份，只要有一點沒有刮乾淨；就會變成惡性的組織潰瘍，這一點是最令人憂心忡忡的。所以為了要完全刮除根治，重複二～三次的手術有時候也是必要的。

一知道自己懷了葡萄胎的時候，必須馬上住院接受手術的治療，以避免造成了惡性的潰瘍而必須將整個子宮摘除。

手術順利地結束以後，還必須進行一段時候的藥物治療，在二～三年之間檢查尿液中的荷爾蒙成分、含量等並嚴格監視以防異常情形發生，所以在這段時期內必須完全避孕不可，至於再懷孕的情形必須經由主治醫生的許可之後才可以繼續懷孕。

懷了葡萄胎之後所擔心的惡性潰瘍是絨毛上皮腫。

通常在正常懷孕的情況下，有時候會發生意外流產，但是懷有胞狀畸胎的葡萄子的人，其發生流產的機率大約是五～十倍之高。雖然是子宮的絨毛組織所引起的病變，但是不久肺部、肝臟、腦等轉移至全身而造成癌化的機率很高。所以孕婦懷了葡萄胎之後，應遵從醫生的指示，並仔細地觀察注意身體狀態的變化。

懷孕初期是最危險的階段，舒適悠閑的度過不可過於勉強

預防流產的發生

症狀：主要的症狀是暗褐色的異常出血及斷斷續續地下腹部陣痛

流產的症狀是出血及疼痛，這與小產所顯示的症狀是相同的。

【出血】

流產時首先大多是由出血的症狀開始的，通常還會有強烈的疼痛及大量出血。大致上只要子宮內部的物體全部取出的話，出血的情況才會中止，不然只要有一些殘留在子宮內，就會引起持續性的流血。然而血的顏色並非是鮮紅色，而是略帶暗褐色或是巧克力般的褐色。

【疼痛】

在懷孕數週或者是更早一些還不致於有激烈的痛感，但是，逐漸地會帶有強烈的疼痛出現，孕婦並開始感受到下腹部腫脹而開始引起腰痛的症狀。不久就形成了斷斷續續的疼痛，

演變成規則性的陣痛。孕婦的腳部會感覺到痙攣似的，但這可與一般性的腸子絞痛迥異。

【異物感】

孕婦從感受到胎動而至流產的過程中，首先察覺的是腹中的胎兒已經不再有所行動，這是理所當然的了。只要孕婦的肚子一用力，就感覺腹中有物體似的而不是胎兒。所謂「流產」從其流產程度及症狀上的分類來看，可區分為以下幾種類型——

一、完全流產　腹中的異物完全流出體外。

二、不完全流產　即使子宮內部的胎兒已經流出體外，但是胎盤還仍然殘留在子宮裡而引起持續性的出血。

三、滯留流產　胎兒已經是胎死腹中的情況。

四、緊急流產　眼看著孕婦即將發生流產的情形，繼續懷孕對孕婦而言是相當危險的，所以立刻實施「人工流產」。

還有，如果曾重複流產三次以上的時候，這種異常情況稱之為「習慣性流產」或者是「反覆流產」。而習慣性流產最常出現於懷孕初期階段及懷孕中期。

萬一發生時：第一要安安靜靜不驚慌，並搭車安穩的前往醫院

通常流產的症狀是緩慢進行的，萬一突然出現了流產徵兆時要立即前往醫院治療。流產的症狀首先是感覺疼痛及出血，如果孕婦懷疑這種症狀像流產的話，最重要的是緩慢地平躺並安安靜靜的。如果開始大量出血的話；馬上前往醫院，則醫生會檢查子宮內部的異物及血，以及是否夾雜著其他的物體。

如果眼看著孕婦即將流產，演變成緊急流產的情形時，孕婦必須安靜平穩地接受治療，並依情況的嚴重與否而決定留院密切觀察。萬一孕婦得知無法繼續正常的懷孕時，雖遺憾但依舊須動手術將子宮內部清除乾淨。

預防：早些得知自己懷孕才能注意到心理及身體的平穩狀態

為了預防流產的發生，儘可能的早日獲知懷孕之事是相當重要的。從卵子、精子的結合而形成受精卵，在子宮著床，而且胎盤形成之前約十四～十五週的時間，然而這個階段卻是最危險的時期。如果能夠早些得知懷孕，可以謹慎的注意身體變化。其次是孕婦應該嚴守規

站著做事時不妨將前後
腳挪開斜斜站立。
持重物的時候一定要曲膝。
將抹布對折趴地上。

律的日常生活，特別是在懷孕的初期更該遵守，並且條列式的記錄下來。

①孕婦應該避免過度疲勞，而且睡眠必須充足。

②注意感冒、下痢、便祕等疾病。

③避免生活充滿緊張、壓力，儘量保持舒適悠閑的心情過日子。

④勿提重物。

⑤不要站著工作，也避免在電車或巴士內長時間的站立。

⑥注意上下樓梯。

⑦避免激烈刺激的性生活。

⑧持有工作的孕婦必須依身體的

造成流產的原因
上下樓梯一定要小心，
穿著平底舒服的鞋子一
階一階慢慢走。
避免搭乘公車、汽車長
時間搖晃的旅行或工作。
禁止手提重物，不如
請丈夫代勞一下。

狀況考慮變更工作的內容，或者錯開工作時間。

⑨有習慣性流產、或者曾有流產過的人在懷孕之前必須好好檢查子宮的狀態。

⑩孕婦必須節制游泳、旅行等活動。

注意：為避免重複性流產的發生，在懷孕前須事先仔細檢查

初期的流產原因幾乎是不詳，因此任何的疏忽，不小心的結果很可能會招致流產。有些人確知可能懷孕的

狀態，首先是事先測量基礎體溫，對女性而言，能否及早得知懷孕的消息是相當重要。如果及早獲知懷孕的消息，在日常生活方面就不能任性為之了。

此外，有習慣性流產或者是曾有流產的人而言，在懷孕之前必須好好地和醫生商量，能夠取得黃體素及雌性素藥劑就好了。在懷孕期間孕婦必須過著規律性的生活，避免偏食並且考慮到攝取均衡的營養，特別是維他命E、維他命B等，孕婦必須留意大量攝取含有維他命類的食品。還有必須注意的是避免攝取容易造成骨盆充血的香料，節制激烈的運動及長時間相同姿勢的緊張工作等，就習慣性流產而言，為避免重複發生流產的情形，在懷孕前首先要好好地檢查子宮的狀態再做決定。

其他原因：懷孕初期及中期流產的原因各有所不同，而且預防方法及準備也有所差異

撇開流產的原因不談，但事先擁有有關預防流產的知識是必備的。

●在懷孕的初期原因不明的自然流產很多

在懷孕的第八週左右流產的危險性相當高。根據統計顯示：七五％的流產是在懷孕第十

六週以前所引起的比率，而在此比率中亦有七五％的機率是在孕婦懷孕至第八週左右所發生的。由此可知在懷孕的初期很容易引起流產。據說十幾歲懷孕或者是近更年期時的懷孕也很容易發生流產。由於在懷孕初期其流產的原因大部份都不是很清楚，雖然大多是自然流產；但是這也意味著孕婦應該先有早先預防流產的心理準備。

●懷孕中期造成流產原因很多

所謂懷孕中期所發生的流產，與早產性質有些雷同，那是因為胎兒已在腹中發育完全。懷孕中期的流產主要是母親單方面的原因了，例如：跌倒、碰撞、外界的刺激、性交，此外尙有子宮頸的不健全或子宮腫瘤等都會使孕婦至懷孕中期而導致流產的原因。除此之外，梅毒也很可能導致流產，還有風疹、住血原蟲病、維他命不足、營養不良、甲狀腺機能不健全症、糖尿病、精神上的壓力等原因都會導致在懷孕中期發生流產。

所以如上所述事先與醫生商談是非常重要的，不然孕婦自己本身會變得神經質似的憂心煩惱，這樣反而不好。

●子宮頸管的不健全症可以手術的方式來治療

一進入懷孕中期而發生流產的人似乎不少，主要的原因大都是習慣性流產或者是反覆流產的人，其代表性的症狀是，子宮頸管不健全症所引起的。就彷彿是錢包口鬆弛一般，裡面的東西掉落出來一樣；當腹中的胎兒發育到某種程度的重量時，會弄破卵膜使羊水流出來而導致流產。其相對的治療方式是在子宮的入口處，將鬆弛的子宮頸管用線縫縮一下的手術十分有效。

但是這種縫縮的手術並不是百分之百安全的，最重要的是在懷孕期間平平穩穩的，總之，在分娩以前萬事謹慎小心是最重要的。

然而在懷孕初期所見到的習慣性流產並不是所謂的「子宮頸管不健全症」，所以不能用縫縮手術依樣畫葫蘆。子宮腫瘤或子宮的畸形等原因也會導致流產，也能用手術方式治療。無論如何不管動手術與否，都應該事先與醫生商談再做決定。

懷孕中期造成習慣流產的原因——子宮頸管不全症

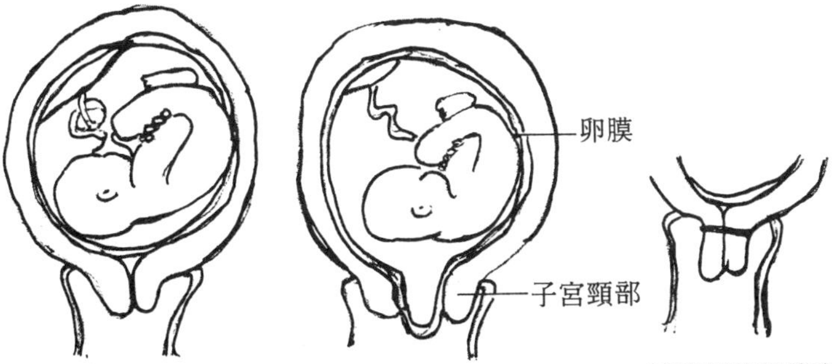

正常的狀態　　子宮頸管不全症　　子宮頸管縫縮術

在極重要的懷孕初期應該慎重

注意藥物、X光線、風疹

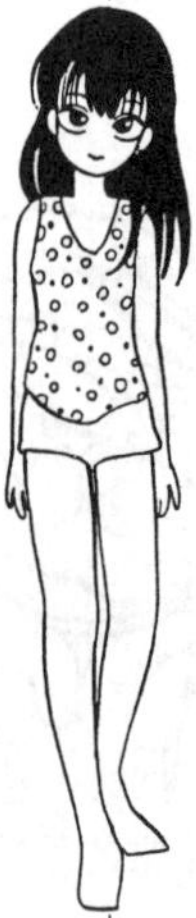

懷孕初期藥物的服用會對胎兒造成影響，必須相當地小心注意

懷孕初期的三個月期間，受精卵的細胞分裂，製造胎兒身體的各部器官及臟器的重要時期。在這個重要階段稍微有一點異物進入就會阻礙細胞分裂，因而製造出畸形的胎兒。而這些有害的異物是指藥物、X光線、濾過性病毒感染等。

最近稍微感冒就服用抗生素的人漸漸地增加了，藥物對胎兒會造成很大的影響，所以孕婦千萬別輕易地服用藥物。特別是尚未察覺到自己懷孕的時候，就服用了其他的藥物的情形也是有的，可能懷孕的女性，或期待著懷孕的人從平常就必須慎重小心。此外，孕婦在使用藥物的時候，其注意事項歸納如下：

●感冒藥

市面上所販賣的感冒藥含有奎寧的成分，服用後會造成子宮的收縮，可能會造成胎兒的畸型情況。特別是在懷孕初期的階段更需特別小心謹慎。即使是懷孕的末期，感冒藥含有對胎兒造成傷重的成分，所以孕婦所服用的感冒藥劑必須是醫生所開的處方。

●腹瀉藥劑

懷孕時期孕婦很容易引起便祕，有些孕婦就非得服用瀉藥來輔助排泄，但是藥性強的瀉藥也是造成流產及早產的誘因，所以此種藥物必須接受醫生的指導服用。

●維他命劑

維他命是孕婦必須的營養素，像維他命C及B類水溶性維他命對孕婦而言是有用的，如果孕婦未補給維他命營養劑，反而會覺得不舒服，所以在飲食方面必須充分的攝取足夠的維他命。

別輕易服用市面上所販賣的藥品

除上述藥物之外，孕婦還會很輕易的服用鎮痛劑、整腸劑等藥品，所以在懷孕中孕婦必須用心的渡過。

在不得不使用X光時，醫生會採取萬全的對策，所以無需擔心

懷孕期間照射X光的話會產生畸型兒的說法，至今尚未完全證實，但X光的影響下而引起異常情況的焦慮之心是無法消除的。有關X光線的檢查和藥物是同樣的，非得小心謹慎不可。特別是在懷孕的初期，自己本身並無自覺就接受X光的照射檢查的情形也常發生。例如：妊娠孕吐反應視為腸胃的疾病接受內科的診斷治療，在接受X光的透視或照射之後，避免擔心對腹中胎兒造成影響的憂慮困擾著，則請常懷有「可能懷孕」的念頭。

當然在醫生方面，不僅是

在沒有自覺性症狀的懷孕初期別輕易接受X光線的照射

婦產科醫生都會注意到「這女性可能懷孕的想法」而小心謹慎的診斷。但也不能完全仰賴別人，充分的注意自己的身體不也是自己該盡的義務嗎。但是如果孕婦在不得已的情況下而必須接受X光線檢查時，在這時事先向醫生報告，醫生就可以採取萬全的策略，採用保護下半身進行檢查的方式，所以無須擔心害怕。

風疹：懷孕初期濾過性病毒的感染會引起先天異常的可怕疾病

與藥物、X光線一樣在孕婦懷孕的初期階段，得小心謹慎的是「濾過性病毒」的感染。在濾過性病毒之中，造成胎兒畸型有明顯關係的是「風疹濾過性病毒」的感染。

●所謂「先天性的異常」

在懷孕的初期階段，孕婦害了風疹就會造成胎兒先天性的異常，而先天性疾病中最常見的是先天性白內障和心臟畸型、聽覺障礙等。而且風疹濾過性病毒會侵害胎兒的中樞神經，而引起胎兒的腦性麻痺或者是造成小頭症的情形。如果在懷孕的初期階段由於風疹濾過性病毒的感染，對造成胎兒畸型以及各種先天性的障礙有相當大的影響。根據報告顯示：懷孕至四週以前感染病毒的比率佔六〇・九％，懷孕大約至五～八週左右，約佔二六・四％的胎兒會發生先天性的障礙，大約至九～十二週時感染的情形約佔七・九%。而其他的報告也指出患有風疹濾過性病毒的孕婦，在胎兒出生之後約佔五〇%以上可發現胎兒先天的異常情形。

●症狀

小孩時期很容易患風疹。而風疹的主要症狀是發熱、發疹、淋巴結腫等症狀。所謂「風疹濾過性病毒」與感冒一樣，會因人與人之間的接觸傳染而發病。所以孕婦在懷孕期間千萬別接觸風疹患者以防傳染。

●免疫

另一方面曾患有風疹的人就可以免疫了。據說風疹會在任何時刻感染，但對已經患有風疹而痊癒的人；或者是已經接受預防接種的人則無需擔心害怕，因為您已經免疫了。在日本根據厚生省（衛生署）的調查中可得知；年齡約在二十幾歲的懷孕女性當中，關東地區約佔八〇～九〇%，關西地區約有七〇%以上的人有免疫的能力。

●抗體的檢查

不知道自己是否對風疹濾過性病毒具有免疫能力的人，透過精密的檢查即可得知情形。

在檢查時抽取大約三西西的血液，測量紅血球集抑制抗體值（ＨＩ值），而ＨＩ值超過八倍小心別在醫院等地感染風疹。儘可能在懷孕前接受醫生的診斷檢查，如果本身沒有抗體的話則預防接種，但是預防接種後兩個月一定要採取避孕措施。

以上的話，則可判定具有免疫能力。但如果在檢查的結果中顯示：其紅血球中ＨＩ值低於八倍以下呈陰性反應的人，除了小心謹慎避免感染以外，同時在懷孕階段必須重複的進行抗體的檢查以防感染。

但是如果ＨＩ值呈陰性反應的人，懷孕約四個月以前而不小心感染病毒的情況下，必須仔細地與醫生商談，決定是否要繼續懷孕下去。如果ＨＩ值超過八倍以上呈陽性的人，為了想確知在懷孕前是否感染病毒與否，可以採取每隔兩週進行二次以上的測試方法，檢查結果中第二次的ＨＩ值（抗體值）超過了前次測試的四倍以上，則顯示出具有免疫的能力，但是，懷孕後可能會產生新的感染病毒。HI值（抗體值）不怎麼變動的人，在懷孕前就可以確知擁有抗體（免疫力），萬一HI值呈陰性的人在懷孕之後才感染病毒，如果孕婦已經是懷孕六個月以後的話，則無庸過於憂慮。

●預防接種疫苗

風疹疫苗的預防接種是使用活的病毒而製造的疫苗，所以禁止對孕婦接種此種疫苗。還有如果對可能懷孕年齡的女性接種的話，至少在二個月內絕對不能懷孕，非得避孕不可。然而HI值（抗體值）呈陰性反應的女性，如果能夠確保產後不會馬上懷孕的情況下，在生產後可以早期的預防接種風疹疫苗，以備為下次的懷孕儲備抗體，這是很重要的。

除了風疹之外，對孕婦而言非得注意其他病毒的感染，例如：由寵物中所感染的住血原蟲病。在懷孕初期孕婦感染了住血原蟲病，據說是引起早期流產的原因，所以餵食寵物的時刻孕婦千萬別以嘴對嘴的方式餵食寵物。

第二章　懷孕中期

已經習慣與腹中的胎兒共同生活了嗎？

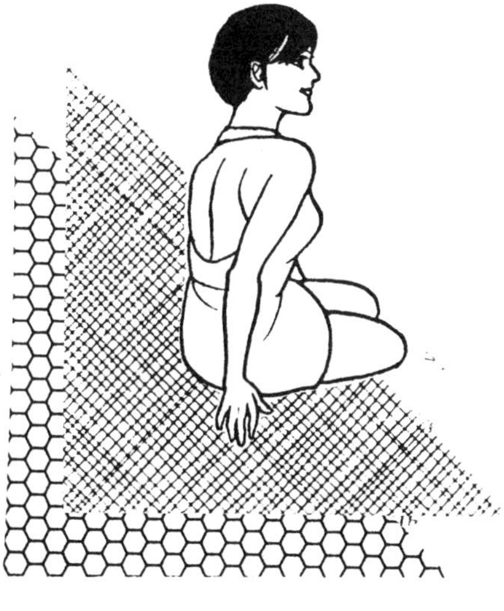

感受胎動能夠體會懷孕的真實感，並步入懷孕的安定階段

在懷孕中期胎兒和母體的情況

即使是懷孕的安定時期，對忌諱攝取的食物也不能粗心大意

所謂「懷孕中期」指的是懷孕約四個月～七個月左右，也就是說約懷孕十二週～二七週左右。在這個階段的前半時期雖然還有人會有妊娠孕吐反應的存在，但是不久就會消失的。然而在懷孕中期的階段，大致上已經渡過了流產的不安心情，而漸趨安定的狀態。但是一到懷孕的後半時期，容易併發妊娠中毒等併發症，以及出現前置胎盤或異常出血的情況，因此孕婦應該十分留意自己的健康管理情況。避免超重太過於肥胖，即使身體的情況良好也應該避免勉強工作，或者是外出遠行，如此一來才能平安無事的生產。

積極的參加產前媽媽教室

隨著肚子的明顯變化，便祕或者腰痛等伴隨著懷孕的輕微症狀開始產生，這時也是習慣於懷孕擔任孕婦的時期。因此母親的健康管理是相當重要的。

孕婦事前參加產前媽媽教室，學會懷孕及生產的正確知識，並且開始準備迎接順利地生命誕生。如果有異常情況或是不安的情緒產生的話，可以早期發現並採取適當的應付措施，如此一來往後才能平安無事的渡過。

第四個月
（滿12～15週）

子宮就像胎兒的頭部那麼大，胎兒的身長約十八公分，體重是一二〇公克，此時胎內的胎兒正吸吮著指頭。

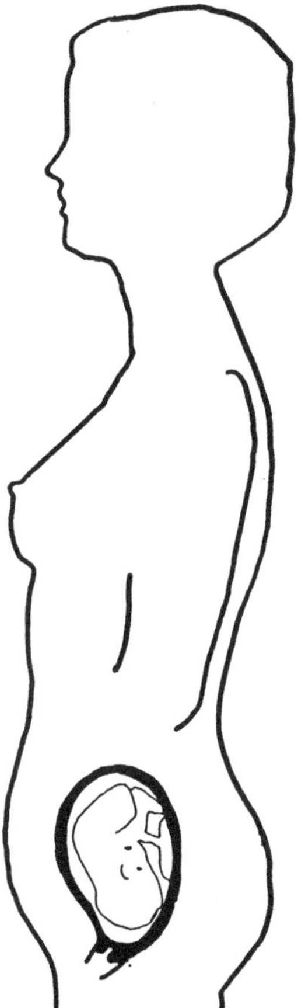

第五個月
（滿16～19週）

子宮底部長約十三～十八公分，胎兒身長是二三～二五公分，體重約二五〇～三〇〇公克。

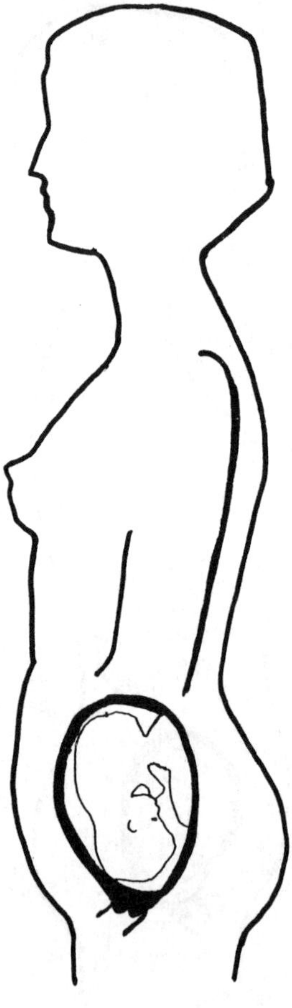

第六個月
（滿20～23週）

子宮底在肚臍帶兒的上方，胎兒身長三〇公分，體重約六四〇公克左右。

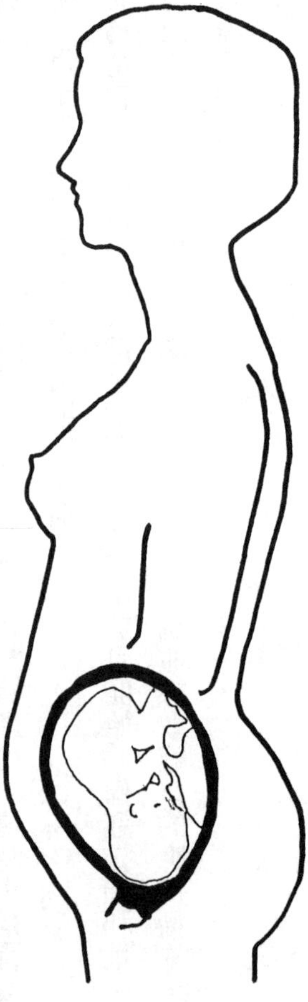

第七個月
（滿24～27週）

肚子明顯向外突出，胎兒的身長三五公分，體重約一公斤左右。

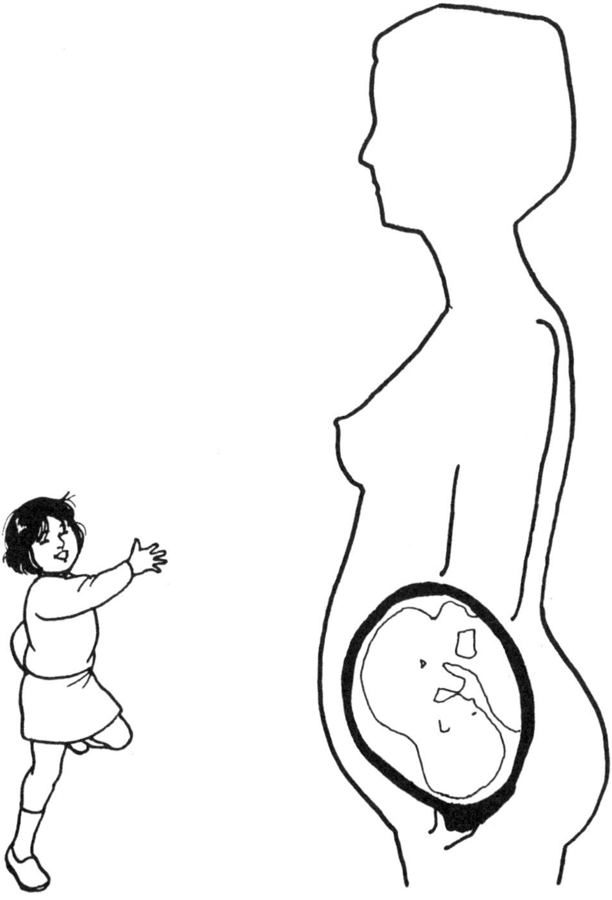

懷孕時很容易罹患貧血，因此孕婦得小心謹慎

症狀：一罹患貧血很容易引起孕婦的皮膚和粘膜呈現白色、悸動、頭暈目眩等。

悸動
由於心臟跳動的頻率逐漸加快，因此很容易引起悸動。

頭暈目眩
長時間站立的緣故，腦部貧血，所以很容易造成孕婦頭暈目眩。

站起來頭暈眼花
突然站起來時有發暈的感覺，這時孕婦要注意。

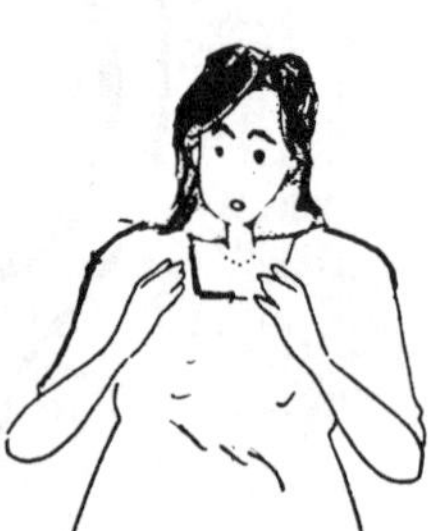

指甲顏色發白
指甲的顏色略帶青白色、眼皮、眼瞼的顏色發白。

令人躭心的貧血

在懷孕的階段貧血會對母體造成各種影響。

●第一，在分娩時發生出血的情況，對母體而言是相當危險的。原本就有貧血症狀的女性而言，在分娩的時刻出血八百西西左右，與一位健康的孕婦一樣流出相同的出血量，對貧血的母體而言會給予嚴重的影響，兩者比較之下可以發現其差別。萬一在無法正常分娩的情況下，貧血的母體發生生命危險的可能性極高，例如：在分娩的過程中孕婦呼吸困難，或者孕婦呈昏迷狀態不省人事。

●其次是孕婦本身就貧血，這樣很容易併發妊娠中毒病，而妊娠中毒不管是對母親或者是對胎兒而言，都如字面上的意思一樣令人恐懼的。

●生產後母體體力、健康等恢復的情況緩慢，所以對再次懷孕而言，貧血問題有待解決。

●就腹中的胎兒而言，完全不管母體貧血與否，依然自母體的血液中奪取鐵質，以製造胎兒本身的血液。所以即使是患有嚴重鐵質缺乏症的母親，其所生出嬰兒通常幾乎看不出有貧血的症狀。

預防和治療：從懷孕前開始或者是懷孕的階段中、產後等，孕婦都需要大量的鐵質，因此均衡的飲食習慣是相當重要的。

攝取均衡的飲食。
多食用含大量鐵質成分的豬肝、貝類食物。
多攝取菠菜、油菜、青椒等綠黃色蔬菜。
多攝取脂肪少的肉和魚。

為預防貧血除了攝取含大量鐵質的食品外，還必須充分攝取幫助鐵質吸收的維生素C、品質佳的蛋白質等。

服用鐵質藥劑時的注意事項：

如有便祕或下痢的症狀時，必須和醫生商量。

避免空腹時服用，因為會造成胃部情況惡化。

用法
1日2次
飯後

茶會阻礙鐵質成分的吸收，所以在服用鐵質藥劑前後一小時內應避免喝茶。

服用含有鐵質的藥物時，必須遵從醫生的處方服用

●基於懷孕的緣故，鐵質的消耗相當地大。一般懷孕的情況下，就單胎而言母體大約需要八百西西的鐵質，這個份量遠超出平常健康女性在體內所貯存的份量。所以懷孕中的女性要特別注意預防貧血，同時若是得知本身有貧血的疾病的話，就必須接受治療。

●為了預防貧血，均衡的攝取食物是非常重要的。儘量留心並攝取含大量蛋白質、維他命、礦物質等食品。例如：肉類、蛋、豬肝、綠黃色的蔬菜、水果、海藻等等大量攝取。此外，孕婦要提早實施血液的檢查，早期發現早期治療是有必要的。

●如果得知自己貧血就要開始治療，除了攝取含鐵質多的食品外，也可以考慮服用含鐵質的藥劑，但是必須遵照醫師的指示服用。

●然而服用含鐵質的藥劑會引起腸胃的不適，如果胃部的情況變得惡化，就不得不中止服用了。此外，因為服用含鐵質的藥劑，大便的顏色變黑，也很容易造成便祕，或是下痢，像這種情形就必須遵照醫生的指示，決定是否要繼續使用含鐵質的藥劑？或是換藥？或者是停止服用？

千萬別暴飲暴食要達到均衡攝取營養的習慣

懷孕階段中的營養和飲食

需要注意的四個重點：

①別飲食過量

②均衡攝取營養

③蛋白質、鐵質、鈣質、維生素C、D的攝取量要增加

④減低鹽分的攝取

一旦進入懷孕的後半期，卡路里須增加二〇%以上

●所謂「營養」是由母體的腸管開始吸收，通過肝臟而進入血液中，接著養分通過胎盤之後透過臍帶，將養分輸送給胎兒。驚訝於胎兒成長迅速，則如同前者所言營養輸送充足，胎兒的吸收能力亦強。總之，在懷孕的階段要供給母親本身及胎兒兩人份量的營養素。

●雖然前者所敍述的需要供應兩人份的營養素給予母體及胎兒，但是母體過於肥胖、超重也是忌諱的。懷孕時期平均體重增加約十二～十三公斤，因此一天卡路里所必須攝取的份量比平時的攝取量要多。大約在懷孕的前半階段約佔一五〇卡路里；到了懷孕的後半階段，攝取的標準份量約三五〇卡路里以上。在一般的平常狀態下，一天卡路里的標準攝取量是一八〇〇卡，而步入懷孕時期一天大約需要一九五〇～二一五〇卡的熱量。

其熱量的明細如下：蛋白質一〇〇克、脂肪一〇〇克、碳水化合物三〇〇克，此外還有其他的鈣質或磷、維他命、鐵質等等，在懷孕階段其攝取量要比平常來得多。

●懷孕期間均衡的攝取營養非常重要的。特別是牛奶的營養成分很高，每天不可缺乏，在其他的食品中無法輕易取得的礦物質類養分，在牛奶中卻可以充分獲得補給。

在懷孕的過程中極須攝取的營養：

●蛋白質是製造母體及胎兒身體絕對必須的營養素，所以要充分的攝取。如果蛋白質不足的話，很容易孕育出體重不足的小嬰兒。所以儘可能地不要攝取市面上所販賣的副食品，倒不如使用良質的肉類、魚類、蛋、豆腐、乳製品等自我烹飪一番。

●鈣質對於胎兒骨骼的發育、牙齒的成長等扮演著重要的角色。孕婦大約懷孕四～五週時，就必須奠定牙齒的根基，從懷孕初期開始就必須攝取足夠的營養素—鈣。還有，為了胎兒發育，特別在懷孕的後半期鈣質的攝取尤為重要。也曾發生過孕婦一到了懷孕的後半期，即使想攝取些許的鈣質，但母體卻無法吸收，因此應該早些留意並事先積存鈣質於體內。其中牛奶、起司、蛋、小魚、豆腐、油菜等含有大量豐富的鈣質。

●為了製造血液、防止貧血的發生，鐵質的攝取是必要的。在分娩時，為了防備出血情況，得事先增加血液份量。所以孕婦要多食用含有鐵質的食物，例如：肉類、豬肝、蛋、綠色及黃色蔬菜、水果等。

●孕婦的維他命攝取量不足，對胎兒各種器官的形成會造成不良的影響。而由於維他命A和B群的攝取很容易造成不足，孕婦更須謹慎。維他命C和D對骨骼形成也是不可缺乏的。

懷孕中充沛的營養是必須的

●懷孕中健康的飲食生活是為了撫育腹中的胎兒，為了母體的健康、保存體力，均衡的飲食是很重要的，現在再來複習一遍。

含有良質的蛋白質：像肉類、魚類、蛋、大豆製品等，每天一定要充分攝取。

在綠黃色蔬菜中，豬肝、貝類等都含有豐富的維生素、鐵質、礦物質，孕婦要多攝取。

懷孕中鈣質的攝取量要比平常人多出二倍。

●除此之外，淡色蔬菜、薯類、水果等都是維生素C的寶庫，而能量來源的飯、麵包、油脂類等要小心攝取，千萬別吸收過量，但還是要比未懷孕前吸收量要多。

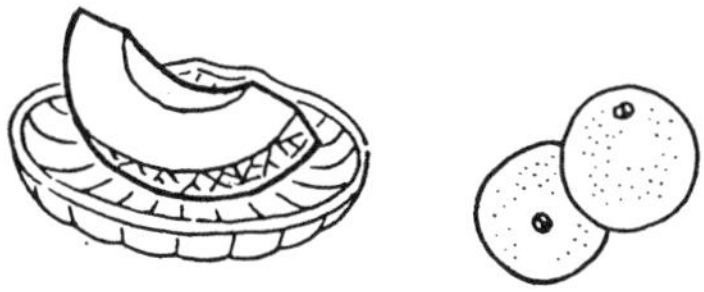

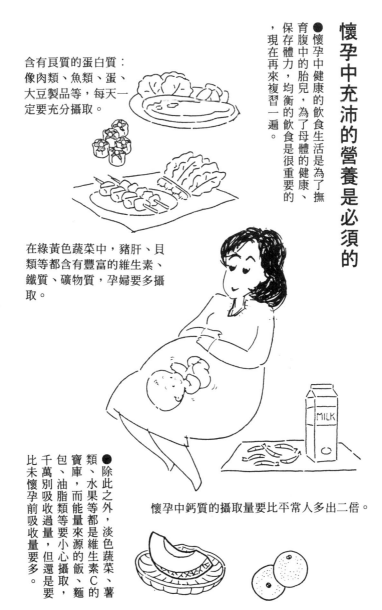

攝取均衡的飲食

●所謂「攝取均衡的飲食」：就是從食物的四大類別中每天攝取一定的份量。

牛奶、乳製品、蛋

蔬菜、薯類、水果

魚、肉、火腿、香腸臘腸、貝類、豆類

穀類、砂糖、油

●第一類：含有大量的蛋白質、維生素、鈣質、鐵質等食物。第二類：良質的蛋白質類。第三類：蔬菜類、薯類、水果等。第四類：穀類、油脂類等的能量來源。

避免便祕

懷孕時要特別小心便祕，所以不妨多食用薯類、含纖維質豐富的蔬菜、海藻類等。

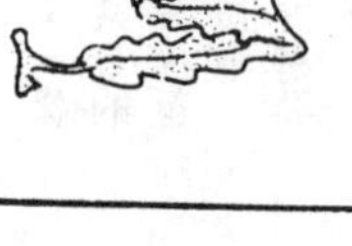

將食物區分成四類，對孕婦而言較容易攝取

攝取均衡的營養是相當重要的，但是什麽樣的食物要攝取到哪種程度才算適合呢？如果將食物一一的來計算的話是非常累人且麻煩的。所以將食物區分為四大類，並注意攝取一定的份量，就能夠達到均衡的飲食。

●屬於第一類的食品：品質優良的蛋白質、脂肪、維他命A與B、鈣質、鐵質等，在第一類中則以含量豐富的牛奶及蛋為中心。

●屬於第二類的食品：蛋白質含量高的食品。除了含有蛋白質之外，還有含維他命、礦物質的食物。例如：魚類、貝類、肉類、豆類、豆類製品等，火腿、香腸（臘腸）等加工食品也含有豐富的蛋白質。

●屬於第三類的食品：蔬菜、薯、水果等類的食物。在蔬菜之中含豐富葫蘿蔔素如菠菜、南瓜、甘藍菜（花椰菜）等，孕婦應該要多攝取含綠色、黃色的蔬菜。此外，薯類的食物也能夠補給孕婦維他命C。

●屬於第四類的食品：穀物、砂糖、油脂等。如果吸收過量，會超重、大過於肥胖，故

每天的攝取量要一定，這是相當重要的。

儘量控制鹽分的攝取量

孕婦如果攝取多量的鹽分，會使血壓升高造成浮腫，此外也為了預防妊娠中毒，孕婦要限制鹽分的吸收。但是相對地為了控制鹽分，食慾會造成減退；也是挺困擾的一件事，因此孕婦得下一點功夫了，即使是味道淡也要津津有味的吃下去。

●在作菜時想運用海帶、柴魚等調味的話，即使鹽分少也會是一道好菜。

●在作菜時如果利用酸的味道，就能夠取代鹽分的攝取。所以孕婦不妨活用一下柚子、酸桔、檸檬等調味料來煮燉食物或烤魚。

●孕婦不妨考慮使用香料蔬菜、再加上一些辣味就可以改變味道，但是千萬別食用過多的辛辣調味。

少放鹽分達到味美的竅門

利用菜湯的方式
單一菜色的調味
利用醋所製成的酸味效果
醋

●第一道菜的味道與平常的鹽份吸收一樣的話，後面的幾道菜即使味道淡，也能夠津津有味的吃得過癮。

●如果是熱呼呼的菜就趁熱吃，或者是冷盤則冰冰的比較夠味，如此一來就不會在乎菜的味道淡。

●烏龍湯麵、蕎麥麵和乾麵附湯比較起來，乾麵上會灑許多的味噌，如果味噌減少的話，相對地鹽分的攝取量也會減少。

●鹽分減少，糖分的調味也必須相對地減少。

孕婦太胖也挺困擾的

大約每二週檢查一次體重

太過於肥胖會造成下列的問題

撇開妊娠孕吐反應時期無法進食不談，當孕婦開始有食慾時

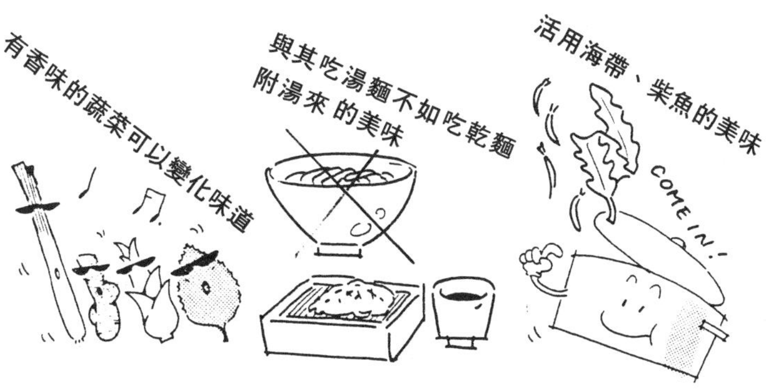
活用海帶、柴魚的美味
COME IN!
與其吃湯麵不如吃乾麵附湯來的美味
有香味的蔬菜可以變化味道

，常常會不知不覺吃得太多，結果造成懷孕階段過於肥胖，只要孕婦超重就會出現各種影響。

●孕婦太過於肥胖就會造成心臟的負荷，血壓也容易上昇，因此很容易併發妊娠中毒或糖尿病，雖能夠繼續懷孕，但是會出現難解的問題，對胎兒的發育也會造成不良的影響。

●還有孕婦過於肥胖也很容易造成難產，因為在產道中脂肪的增加，對欲通過產道的胎兒就造成了障礙，分娩時會多花許多的時間。

●特別是既肥胖而且也是高齡的產婦情況下，首先想到的是「難產」的可能性很高。（即使有某種程度的肥胖，如果是經常生產的話就不在此限內，純屬例外。）

●懷孕時期體重增加的標準，大致上平均是十二公斤左右。懷孕時母體的子宮漸漸地變大，乳房也漲大，重量增加，由於血液漸增，體重的增加是理所當然的。

然而比標準體重要重了二〇％以上的話，則可視為超重、過於肥胖。在這種情形下孕婦必須一面注意腹中胎兒的發育，另一方面控制飲食生活的均衡是相當重要的。

預防超重、肥胖孕婦須定期測定體重

●孕婦在實施產前定期健康檢查的時候，每次都有體重的測量，目的是在核對孕婦是否

肥胖的原因1：食用2人分食物

在懷孕的中期階段母體不管妊娠孕吐反應再怎麼厲害，為了腹中的寶貝努力進食，結果在不知不覺中吃太多而造成過度肥胖、超重。

肥胖的原因2：不活動

雖說懷孕會消耗母體所吃的食物，這種說法蠻有道理的，但是自己沒有節制隨心所欲的吃、睡，結果是很可觀的。

肥胖的原因3：吃太多零食

自妊娠孕吐反應開始就養成了吃零食的習慣，在不知不覺中吃了太多零食，結果伸手就想取甜食，這也難怪會肥胖。

每二週檢查一次體重

體重增加的限度是每二週約增胖一公斤左右，如果超過的話就得核對一下所進食的食物量和運動量，並要自我控制一下體重了。

控制甜食的攝取

懷孕時期過於肥胖與產後的肥胖是有關聯的。如果要恢復苗條纖細的身材的話，必須拒絕甜食的誘惑，忍痛放棄才行，不妨嚐嚐看水果或小魚等點心。

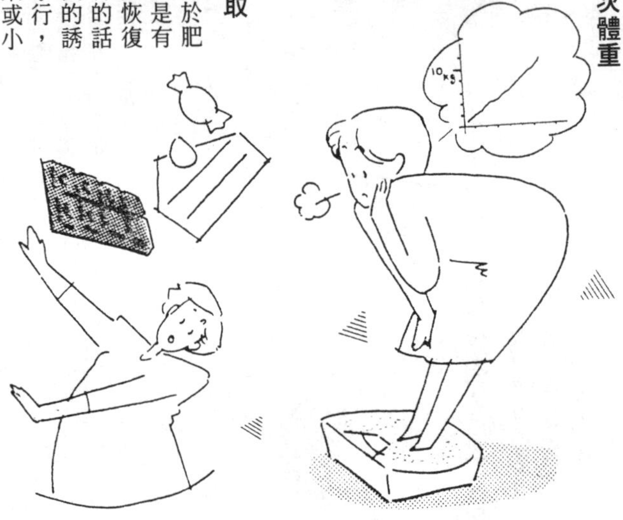

會過於肥胖。雖然孕婦在家中也可以自我測量體重，但是很容易因主觀判斷而疏忽了飲食的控制。而孕婦體重增加的標準是，大約二週左右最多增胖一公斤，如果超出標準，就得小心注意了。

●對孕婦而言最忌諱攝取過量的鹽分。因為吃得太鹹，就會一直喝水止渴；結果造成水量過多而出現浮腫的症狀，血壓上升，這也是造成妊娠中毒的原因之一。

●吃了太多的甜食或者零食，是造成肥胖、超重的主要原因。孕婦為了腹中的胎兒而吃了兩人份的食物，

自宅附近閒逛、散步

最近孕婦游泳的運動很流行。但是，做做家事或者到附近散步等運動對孕婦而言就已經足夠了。在住家周圍散步感覺上挺不錯的，不妨試試看。

特別是一到了懷孕的後期階段，孕婦常會有吃過量的情況發生，因此孕婦要儘量避免食用蛋糕、甜點，多吃水果。但是須特別提醒的是水果所含糖分也很高，任何一種水果千萬別食用過量，均衡的攝取是首要的條件。

●飲食方面的控制是很重要的，另一方面消耗熱量也是必須的，如果用餐過後小睡片刻更容易造成肥胖。所以對孕婦而言一天散步一次，做做家事動動身體是有益的。

適度的運動對孕婦來說不僅可以預防過於肥胖、超重，而且對於胎兒的發育也是有用的。

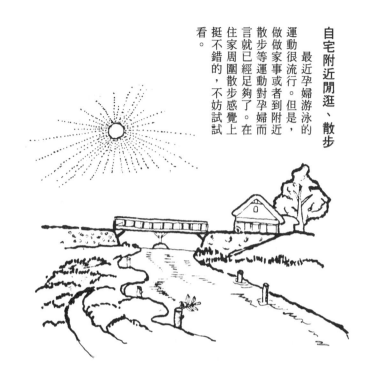

懷孕中的生活百態（問題與回答）

香煙對胎兒會造成不良影響嗎？

●答：關於懷孕和香煙的關係，有衆說紛云的意見。但是，不可否認的是抽煙的孕婦所生下來的嬰兒體重比較輕，最近有許多的資料、報告可證實。例如：德國香煙工廠裡女性從業人員之中，可以看出這些女性的懷孕率低、流產率高，胎兒的死亡率也增加不少。然而在巴西聯邦共和國香煙工廠裡其調查報告顯示：流產、胎死腹中的機率增加至二倍。在英國方面，報告顯示：抽煙的孕婦在生產前後，胎兒的死亡率很高。而且孕婦受孕至四個月左右，如果停止繼續抽煙的話，其胎兒的死亡率會降低。

除此之外，孕婦抽煙會對胎兒造成不良影響的報告好多，其不良的影響並不僅僅只限於懷孕的過程中，對出生後的新生兒而言其不良的影響更值得令人耽心。雖然不會影響母乳的分泌，但是令人憂心的是造成氣喘的可能性極高，因此如果懷孕請儘量忍耐為盼。

嚴禁和丈夫共飲啤酒嗎？

●答：懷孕中的母親即使小酌一番，但每天持續少量的飲酒，有種說法是出生的新生兒會患胎兒酒精症候群，而造成胎兒身心的障礙。而且有飲酒習慣的母親，因胎兒受了酒精的影響，很容易變成流產或早產的情形。從上述幾點來看，孕婦不要認為只是少量的酒而安心的飲用，結果造成不可收拾的結果。

關於胎兒酒精症候群的問題，酒精中毒患者衆多的外國酒精已經變成了相當嚴重的問題了。在本國酒精中毒的問題尚未引人注目。無論如何只要有飲酒習慣的人，可在懷孕的時候借機進行戒酒。雖說少量的酒對身體有益，但懷孕期間則另當別論了，最好別陪丈夫喝酒。

咖啡對腹中的胎兒不會有所影響嗎？

●答：咖啡、紅茶和香煙一樣，都會對胎兒造成不良影響，應該停止飲用，但也有人主張無需耽心憂慮，因為不會對胎兒造成不良影響。

然而咖啡之所以成為問題是因為咖啡中含有咖啡因，由於茶也含有濃度高的咖啡因之故，同樣地也令人耽心害怕。而咖啡因會使血管收縮、擴張的效用，故懷孕階段咖啡、紅茶、綠茶等，其飲用量儘量減少較佳。而且含咖啡因濃度高的飲料，也是造成失眠的原因，所以在睡覺前避免飲用。

據說飼養寵物，會生育出異常的嬰兒？

●答：有一種學名叫「住血原蟲」的原生動物經常寄生在寵物的身上，並透過動物的糞便、唾液而感染人體。如果沒有免疫性能力的孕婦一被感染的話，就會生育出水腦症的胎兒。大部分的孕婦現在都已經有免疫的能力，所以無需耽心這一點。但如果飼養了寵物又不放心，在懷孕的初期可以前往內科或者是婦產科接受免疫的檢查。

萬一免疫檢查的效果不太樂觀的情況時，立刻遠離寵物，或者當您無法遠離寵物時，處理完動物的糞便之後，隨時注意清潔雙手，當然嚴禁用嘴餵食寵物。

在什麼時候才能騎自行車購物呢？

●答：增加肚子振動的如運動或交通工具，常常是誘發孕婦流產、早產的原因，所以要小心謹慎。孕婦搖搖晃晃的走在凹凸不平的路上是非常魯莽的。孕婦一進入了懷孕中期，雖說遠離了流產的危險，但胎兒在腹中受到震盪卻不得而知也是一樣危險的，例如：騎自行車一不留神跌倒了、碰撞等。

或者是說孕婦步入了中期階段之後，肚子膨脹突出很容易失去平衡，所以孕婦購物時不妨把它當成散步，悠閒的走走。在中期階段對孕婦而言所謂「適當的運動」是指慢慢悠閒的散步而已。

孕婦外出時注意哪些事項就能安心呢？

●答：綜合以下幾個重點——

①孕婦要儘可能的避開上下班的尖峰時間，並選擇不擁擠的時間外出，以及早點回家。其適合孕婦外出的時間大約是從上午十點左右～下午三點左右回家。

②孕婦應該避免長時間的外出，最多約一～二小時左右就告一段落，趕快返家。

③避免前往人潮洶湧的地方，因為很容易感染感冒疾病，非得注意不可。

④避免在冷氣強的百貨公司走來走去，因為孕婦的下半身涼涼的，會有早產、流產的危險。日常的購物儘可能和丈夫利用假日一起前往。

⑤孕婦從懷孕中期的階段結束之後，就應該避免遠行。

⑥在鞋子方面、孕婦應該要穿著低跟且有安定感的鞋子比較理想。

禁止旅行、駕車嗎？

●答：懷孕初期是流產的危險時期，當然一旦進入中期以後儘量避免兜風、開車或旅行等比較好。暫且不論懷孕的初期和後期，在懷孕中期階段，胎兒和母體的狀態是步入了安定時期，只要多注意適當的運動、心情的轉換就足夠了。

但是孕婦必須嚴守下列的規定：

①孕婦要避免長距離的旅行。長時間的搭乘交通工具，會造成骨盆淤血，而且很容易發生異常事故。

②避免不合理的日程，儘可能多休息。

③汽車的振動比火車來得激烈，所以孕婦乘車時間在四個小時內，每隔一個小時則稍作休息，吸收新鮮的空氣。

④孕婦懷孕至中期階段，若要自己開車的話勉強還可以允許。但是，駕駛是非常費神的，血壓也很容易發生變化，除非是在不得已的情況下孕婦才自己開車，不然請委託您的丈夫吧！

⑤飛機是既平穩且極少發生振動的交通工具。由於搭機所耗費的時間短，所以孕婦在旅遊時利用飛機等交通工具似乎越來越多了。

如果可能的話，期望孕婦能節制長距離的旅行，或者駕

車。

蛀牙的治療法非採取拔牙不可嗎？

●答：就結論而言，儘可能在生產之後才拔牙齒。但是如果再也無法忍耐的情況下，就不得不實施拔牙手術了。為了施行手術所使用的痲醉劑不會對腹中的胎兒造成不良影響的。但是為了預防萬一，在懷孕的初期及後期階段請儘量避免。從前蛀牙就被稱為孕婦的附屬品，原因是腹中的胎兒自母親體內奪取了鈣質的緣故。然而胎兒是攝取母體所吃的養分，但未曾有過胎兒自母體的牙齒中奪取鈣質的說法。

最近孕婦蛀牙很多的原因是因為妊娠孕吐反應，情緒低沈，而懶得清潔口腔；結果就在髒的情況下產生蛀牙。等到孕吐時期一過，漸漸有食慾，而盡吃許多的甜食，這似乎也是孕婦發生蛀牙的原因。而且由於孕婦的荷爾蒙分泌失調，容易造成口腔的不潔也是原因之一。所以，孕婦在飲食過後一定要漱口，或者是刷牙，比懷孕前更須注意口腔的清潔。而原本就有蛀牙的孕婦，則期望能在懷孕的中期階段進行治療。

正流行著流行性感冒時可否接受預防接種？

●答：在懷孕的過程中原則上是不要接受任何一種預防接種。但是，在懷孕四個月以前則是絕對避免預防接種的，如果是懷孕四個月以後的話，認為可以接種預防疫苗的醫生也有。

但是為了實施預防流行性感冒，也並不一定要接種疫苗，因為並不是那年所流行的濾過性病毒是相同類型的。在這種情況下，即使接受了預防接種還是無法達到預防的目的，寧可從一開始就不接受預防接種較保險。雖說如此，孕婦也

應避開擁擠的人群，儘可能的控制外出的時間，就可以有所預防流行性感冒了。

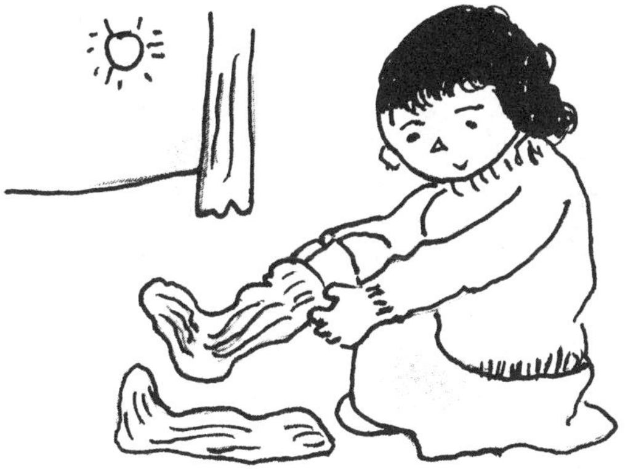

懷孕時為什麼禁止使身體涼涼的呢？

●**答：**冬天的寒冷以及夏季的冷氣，是使身體冰涼的大敵。寒冷會造成血壓升高，而冬季也是引起妊娠中毒最多的時期。且因為寒冷肚子就會覺得冷，而促使子宮收縮；使肚子突然變硬。即使在夏天，如果孕婦長時間待在冷氣房內，也會引起與冬季相同的情況。特別是足部、腰部等的下半身要溫暖的保護，這是非常重要的不可輕忽。

孕婦對於冬季寒冷的應付對策是：將寢室移到日照充足的房間，也要注意對客廳或廚房實施保溫的措施。而且在極為嚴寒的日子裡，孕婦應該避免外出或購物。此外，孕婦也可以穿著長褲及厚的毛襪保溫，睡眠前沐浴一番也挺有保溫的效果。還有，在夏季裡孕婦最好避免到冷氣強的場所，這才是明智之舉。

想親自用母乳撫育胎兒，乳房如何保養？

●答：從懷孕到六個月左右開始，就得進行乳房的保養及按摩。乳頭的凹陷、或者平坦，在胎兒出生以後胎兒無法吸吮到乳頭，所以在生產之前孕婦就必須事先矯正。此外在沐浴中或沐浴後進行乳房保養，其效果很高。

①在乳頭上塗抹冷霜或橄欖油，然後輕輕地按摩。

②用手指捏住乳頭，慢慢地往外拉，大約每十五分重複一次。

③按著胸部並將乳頭突出於胸罩之外。

④懷孕至七個月以後，一天一次擠壓乳房，擰住乳頭其要領是擠出二～三滴的乳汁。

腹部受到擠壓就睡不著

●答：將座墊置於腳部，並將腳部抬高比較容易入睡。孕婦肚子逐漸變大，步入懷孕中期的後半階段以後，將座墊貼放在肚子下，側著身趴著睡，或蹺著腳睡覺等等，儘量尋找舒服的姿勢。此外失眠容易引起孕婦疲勞、精神不振，所以一天之中至少要有三〇分～一小時的午睡片刻。還有睡覺前的沐浴或是喝溫熱的飲料，對保暖身體很有功效。

懷孕時期性生活中應注意的事項

●答：懷孕初期及後期要特別加注記號小心留意。孕婦在懷孕三個月左右為預防流產，強烈地壓迫子宮般的激烈行為要小心謹慎。而且一旦進入了懷孕的後期階段，性生活方面避免採取壓迫腹部的體位，淺淺的交合並應該保持節制性的次數。如出現流產、早產的徵兆或者前一次的懷孕發生早產、流產等失敗例子，更須特別小心注意。

使用孕婦腹帶有安定的感覺，熱中的人似乎很多

最近孕婦必須使用像從前束腹的腹帶的說法已不曾聽說了，事實上現代的人不使用孕婦腹帶已漸漸增多了。但是如果孕婦的肚子過於龐大，的確是需要些用具來支撐著，腹部有安定的感覺存在，活動也比較方便。所以熱中於使用孕婦腹帶的人還是挺多的。

●使用孕婦腹帶大多是懷孕至五個月開始，孕婦的肚子已經明顯的突出了。

●開始感覺到胎動時，纏上孕婦腹帶就有穩定平息胎動的功效，然而使用材料含有伸縮性功用的腹帶比昔日所使用的漂白布料要來的便利，活動也比較輕便舒服。但是在最近使用含有橡膠材料腹帶的人似乎越來越多了，像這種用棉類所包紮的橡膠而且呈網狀的新材料，其透氣性極佳，造型有點類似緊腰內衣一般，是一種非常便利的腹帶，所以對孕婦而言使用性越來越普遍。

●孕婦腹帶的質料不管是棉類、或者是敷有橡膠的新材料也好，它們都是一塊布料，像從前的漂白布帶製作完成的腹帶，其纏繞的方法是將布裁縫成二，緊緊的纏繞於腹部，雖然很麻煩，但卻相當有用。

懷孕五個月時纏繞孕婦用腹帶

腹帶的纏捆方法

1

以圓形的纏繞方法自左側腰骨下的部位開始向上纏繞。

2

如果是兩塊腹帶其纏繞方法是將帶子的前端夾緊，繞著腹部纏裹，然後再重複纏繞。

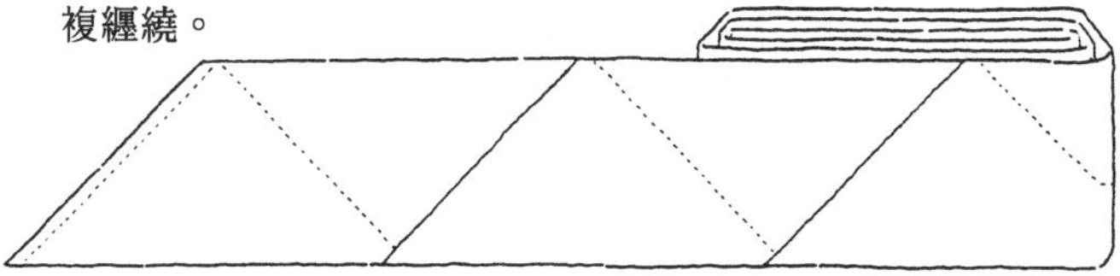

如果是一塊白布時，就必須費一點工夫將它斜斜的縫製，如此一來伸縮的效果會比較好。

3

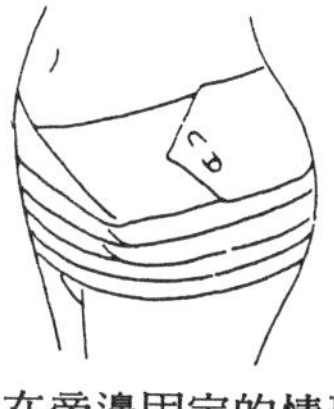

在旁邊固定的情形

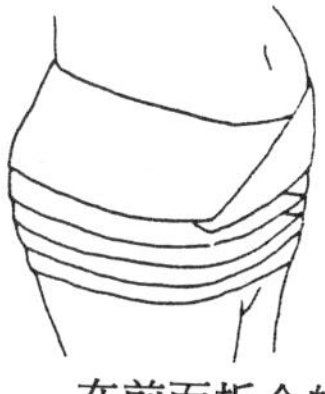

在前面折合的情形

纏繞完畢後用夾子固定。

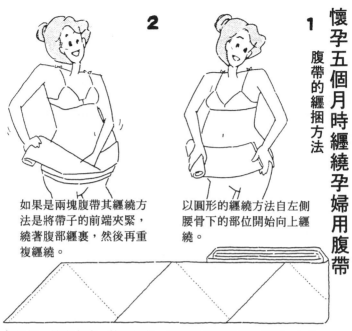

懷孕階段孕婦的貼身內衣最好是棉製品

孕婦所使用的腹帶其纏繞的位置稍有偏差時，不妨考慮使用束腰帶或是緊身式的束腰，這樣一來會比較方便。如果孕婦要選擇柔軟、透氣性極佳、伸縮性強的腹帶，不妨考慮使用束腰帶，因為一般的束腰帶已兼俱了上述的條件。但是一旦進入了懷孕的後期，為了要繫緊變大的肚子，建議孕婦使用孕婦專用的束腰帶，其理由之一是不管是通勤或外出的時候，能夠舒服的活動不受阻礙。

●束腰式的腹帶是配合肚子的大小所設計的，在隨著肚子的變大而逐漸擴張，所以購買之前一定要試穿看看。此外也有些人特別偏愛漂白布帶式的纏繞腹帶，如果外出時能夠和束腰帶並用，其達到的效果會更棒。還有生產過後，回復到原來的腹部形狀之前，繫上束腰帶其恢復的效果比較理想。

●除了孕婦腹帶之外，市面上也有販賣孕婦所使用的胸罩和短褲等。而襯衣的質料選擇上以透氣性極佳的棉製品最為理想。因為孕婦在懷孕的過程中易多汗，分泌物增多，棉製短褲或內褲的透氣性較好。至於胸罩方面，由於孕婦的乳房易發脹，乳頭也變得敏感，為了保護胸部，使用孕婦專用的胸罩比較好。

懷孕時的貼身內衣

①②產婦用的束腰帶，可以自由自在的調節鬆緊。

③腿部溫熱裝置，可預防寒冷。

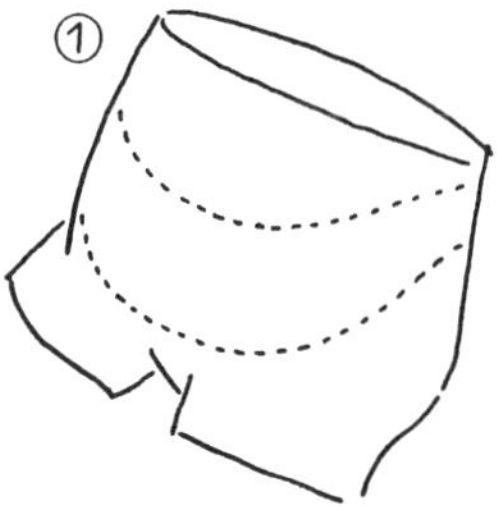

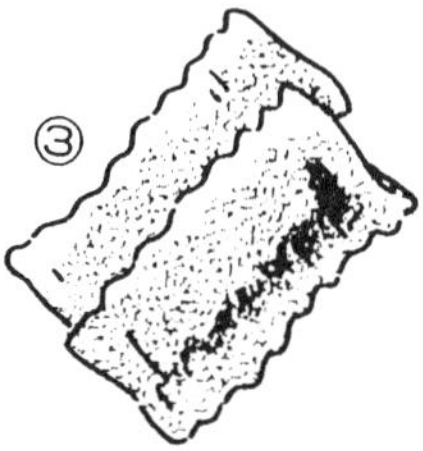

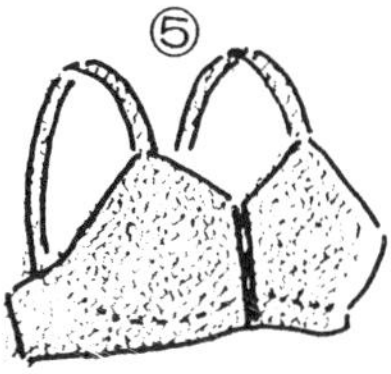

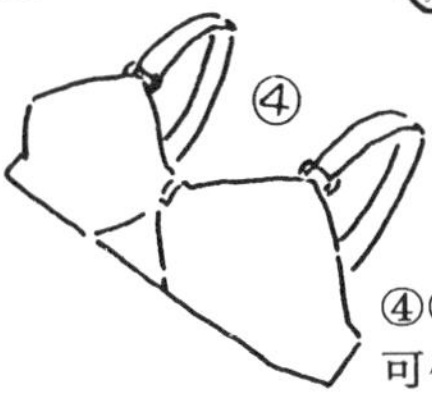

④⑤胸罩，產前產後皆可使用，最好一次擁有三～五件。

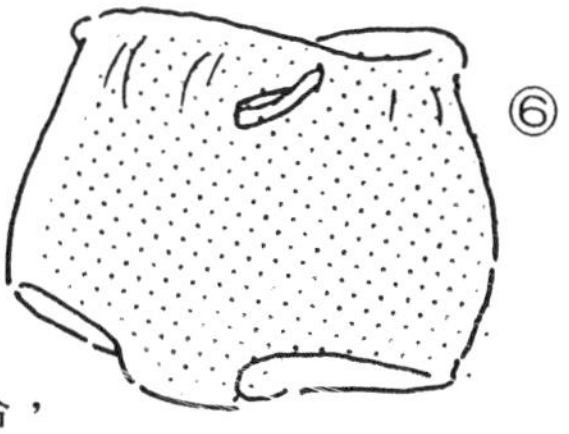

⑥短褲，尺寸要吻合，最好不要三角褲。

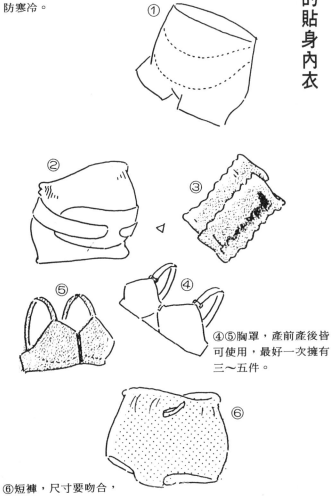

保護胎兒生命之水——羊水

羊水的功能及羊水的檢查

在羊水的保護下胎兒可以自由的來回活動

羊水是由羊膜所分泌出來的液體，而且充滿整個羊膜腔內。羊水是屬於半透明乳白色的液體，其份量以孕婦懷孕至七～八個月左右為最多，然後一點一點的減少，通常進入懷孕的末期階段，羊水的含量大約有八百毫升（八〇〇ml）左右。在羊水的保護下胎兒可以自由的來回活動，而且也拜羊水之賜胎兒不會直接受到外部的衝撞，能夠安全地被撫育成長。

此外羊水大約以一小時的速度替換五百毫升（五〇〇ml）的新鮮羊水，大約花費三小時左右就可以將整個羊膜腔內的羊水替換完畢，所以羊水總是保持著乾淨的狀態。羊膜腔內塞滿了羊水不僅可以防止胎盤的剝離，而且在分娩時可使產道滑溜，並促進胎兒順利生產而擔任潤滑油的功效。

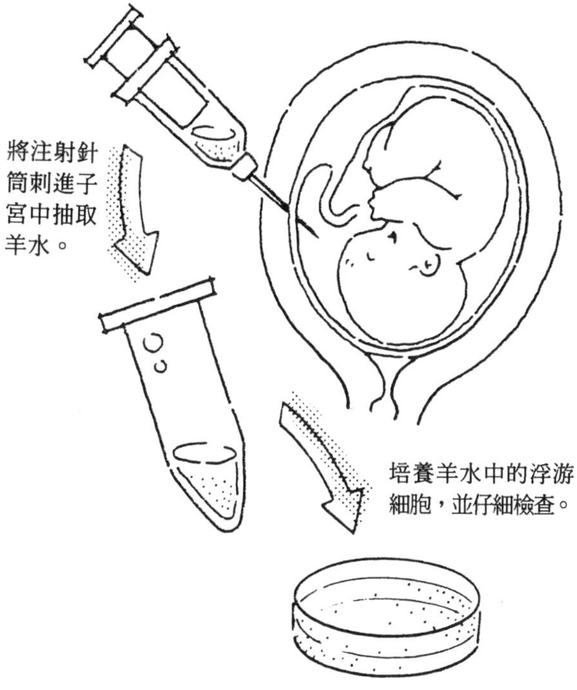
將注射針筒刺進子宮中抽取羊水。
培養羊水中的浮游細胞，並仔細檢查。

懷孕約十六週以後才能實施羊水的檢查

在懷孕的前半階段，從胎兒身上所剝落的皮膚細胞、胎脂、產毛等會夾雜在羊水裡，因此從羊水的檢查之中可以作為獲得有關胎兒情報的線索。

根據羊水中所含物質的檢查，可以得知胎兒的成熟度、血友病、先天代謝異常、染色體異常，或者是血型的不符合等徵兆。大部分在懷孕第十六週以後對羊水進行檢查，先麻醉孕婦腹部的皮膚，將較粗的注射針筒刺入子宮內，抽出少量的羊水實施檢驗。羊水的檢查並不危險，但是必須俱備的重要條件是：醫院的設備必須完善，以及純熟的檢驗技術。

在進行羊水的檢驗時，首先發現的病例大多是先天性異常，在這種情形下誰都無法接受這種打擊。在以前父親或母親有染色體異常的現象，就會生育出染色體異常的胎兒，而且孕婦的兄弟或親戚也有可能會發生這種病例，然而對四十歲左右的孕婦而言就很容易成為此病例的對象。

此外，在羊水的檢查中除了可以得知胎兒先天性異常之外，也可獲知胎兒的男女性別。通常希望進行羊水檢查的情況似乎非常的稀少。

第三章　懷孕後期

——一鼓作氣、奮戰到底

懷孕後期是面對分娩的最後階段，也是健康管理最重要的時期

懷孕後期胎兒和母體的情況

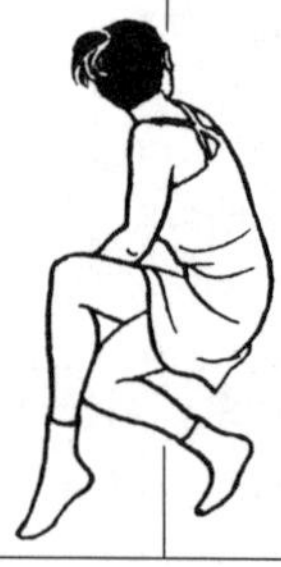

早產、安產、難產受到孕婦管理而左右

所謂「懷孕後期」指的是孕婦懷孕自第八個月～十個月為止。懷孕階段很容易顯現出各種症狀及疾病，而懷孕後期是極容易影響分娩的時期。

在後期階段最特別的問題是早產，由於胎盤異常造成出血、或是妊娠中毒症等，因此懷孕後期的階段也可以說是孕婦管理的最重要時期。所以如有異常性出血，應該儘快接受診斷治療。

孕婦在懷孕的後期如果發生早產，就等於是置胎兒徘徊於生或死的歧路上，所以在後期階段除了必須非常小心之外，同時還必須提早為生產做準備、做暖身。早產和安產就如同親戚關係一般。但是如果太過於憂心早產，而提早入院安靜等待，結果已經超過了預產期，孕

婦還未有陣痛的症狀出現時，相反的可能已經造成難產了。這時孕婦會變得懶得移動身體，渾身無力；但如果順利的話，孕婦應該儘量移動身體。所以孕婦千萬別忘記懷孕後要先在媽媽教室裡接受分娩的指導。

第八個月
（滿28～31週）

子宮底約二五～二九公分，胎兒的身長是四〇公分，體重約一・五公斤。

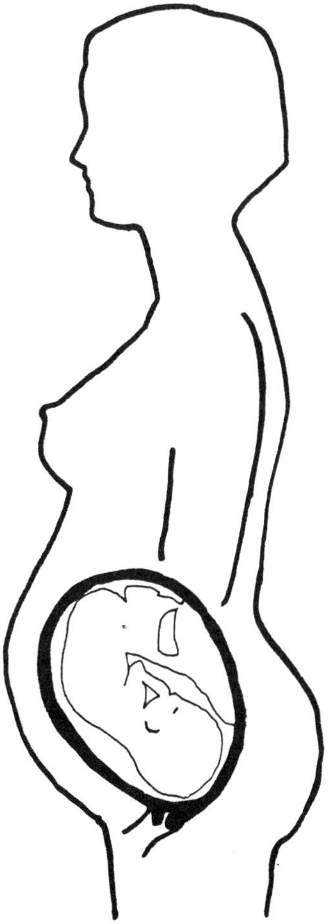

第十個月
（滿36～39週）

子宮底長約三二～三四公分，胎兒的身長是五〇公分，體重約三公斤左右。

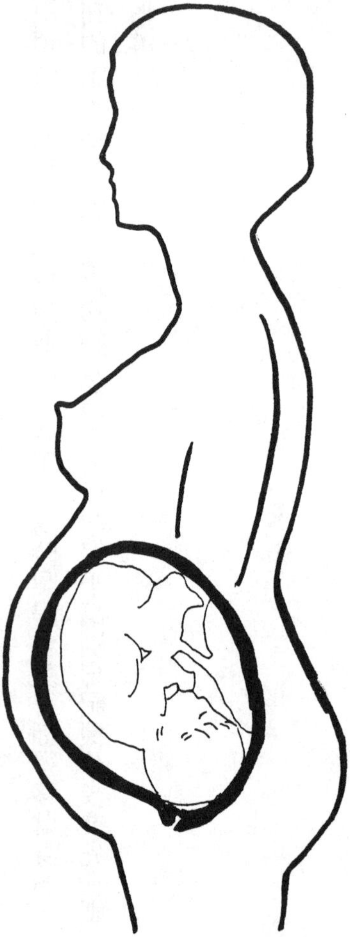

第九個月
（滿32～35週）

子宮底約二九～三二公分，身長四〇公分，體重二・三公斤左右。

預防和早期發現是最重要的

可怕的妊娠中毒症

妊娠中毒症最大的特徵是：高血壓、尿蛋白、浮腫等

●妊娠中毒症最大的特徵是孕婦會出現高血壓、尿蛋白、以及浮腫的症狀。而這些徵兆又剛好與腎臟病、高血壓的症狀極類似。如果孕婦所罹患的是輕微的妊娠中毒症，則僅出現些許的高血壓、腳部容易浮腫的症狀，但是如果是極嚴重的妊娠中毒症，會引起尿毒症，腦出血、子癇發作或者胎盤的早期剝離等，而且會有生命危險的隱憂存在。

●妊娠中毒的原因嚴格來說，並無法詳細說清楚，但卻也不能說是完全不知其發生的原由。孕婦分娩終了胎兒及胎盤也隨之取出之後，妊娠中毒自然會治癒，因此由此可知妊娠中毒症應該是胎盤的疾病。

●發生妊娠中毒症，那孕婦的胎盤會呈現出什麼樣的狀態呢？首先胎盤的血管會引起動

脈硬化，血液的流動不順暢而造成血管堵塞，而直接影響胎兒。腹中的胎兒自胎盤吸收母體的氧氣及營養，由於胎盤發生病變中斷了胎兒養分的攝取，造成胎兒的發育不良，有時也會因缺乏氧氣而造成胎死腹中、流產等，並將危險波及母體。

■在定期產前檢查中早期發現是決定性的方法

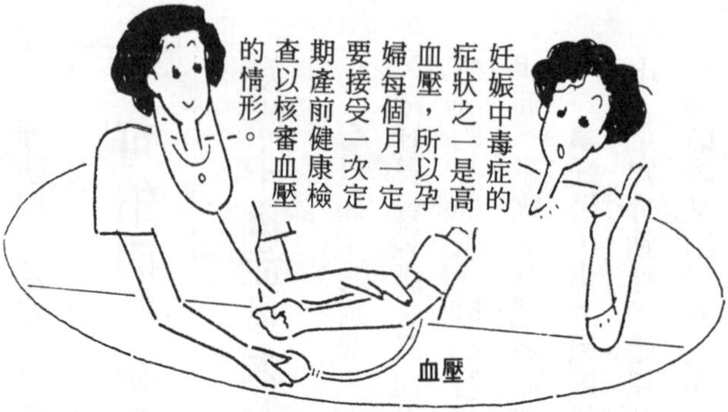
妊娠中毒症的症狀之一是高血壓，所以孕婦每個月一定要接受一次定期產前健康檢查以核審血壓的情形。
血壓

尿蛋白：尿蛋白也是妊娠中毒症的一大特徵之一，當懷孕的階段中都沒有自覺症狀，自定期產前健康檢查中早期發現則是決定性的方法。
LET

由母體的自覺症狀得知初期徵兆

妊娠中毒症，可從孕婦的自覺症狀中得知，稍微感覺到有些異常的症狀，就要及早接受診斷治療，以免病情加劇。

●當孕婦一早醒來如發現了浮腫的症狀就必須留意。一般而言，站著工作一整天的話，傍晚時腳部會略有浮腫，但是經過夜晚

■所謂「自覺症狀」

手腳浮腫、臉部腫脹：
特別是清晨一覺醒來，手腳就呈現浮腫的症狀，要小心謹慎。

尿量減少，口乾舌燥：
喝了許多的水，但尿的次數減少，尿量少的話就要注意了。

一週內體重增加五百公克以上
這與肥胖的情況不一樣，是因為浮腫才造成體重增加，所以要小心注意異常的浮腫。

頭痛、頭暈目眩：
這是血壓上昇時很容易出現的症狀，要留意早日接受檢查。

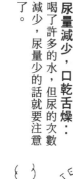

的熟睡之後，隔天早晨醒來浮腫的症狀就會消失。但如果浮腫的症狀並不只限於腳部而已；全身或是眼皮等還殘存著浮腫時，或許這就是妊娠中毒的初期症狀。

●孕婦的體重在一週之內增加了五〇〇公克以上，就要小心自己的體重了。通常早期發現妊娠中毒的浮腫症狀，可以從孕婦體重急速增加的情況來進行檢查。

●孕婦尿量變少、很容易口乾舌燥的症狀等，也可能是妊娠中毒的初期徵兆。如果出現這種症狀時，不妨提早接受醫生的診斷。

●頭痛、頭暈等症狀疑似妊娠中毒。然而血壓的上升情形也是妊娠中毒屢次發生的主要症狀之一。

●除了上述的妊娠中毒症狀外，孕婦全身異常性的酸痛，食慾不振，容易疲勞倦怠等也可以視為妊娠中毒的初期徵候，所以對孕婦而言自覺性要敏銳些。

初次孕婦、高齡產婦、肥胖產婦、多胞胎產婦等，都必須特別小心

容易罹患妊娠中毒症的人有以下四種情況——

第一是初次擔當孕婦。初次懷孕的人和有多次生產經驗的人相比較，初次受孕者大約有二倍多的機率罹患妊娠中毒症。

第二是高齡產婦。即使是平常的人，隨著年紀的增長血管易逐漸老化，也容易引起高血壓、腎臟病等疾病。就高齡產婦而言，其併發妊娠中毒的比率更高。

第三是肥胖超重的產婦。太過於肥胖的話，很容易引發高血壓和心臟病，相對地妊娠中毒的發生機率也很高。懷孕時期孕婦體重異常性的急速激增，這種異常現象是妊娠中毒症的預兆，因此孕婦必須小心謹慎。這時孕婦應該控制體重，避免在一個月的期間內增胖二公斤以上，此外鹽分和糖分的攝取量也該有所管制。

第四是雙胞胎或是三胞胎等多胞胎產婦。多胞胎產婦，發生妊娠中毒的機率也是相當高的，孕婦應該多加小心翼翼。

妊娠中毒症的學說之一：「所謂懷孕的壓力——因為懷孕會增加母體的負擔而引起的反應。」從上述說法來看，生育一個胎兒俱備一具胎盤和生育三胞胎俱備三具胎盤來做比較，可以想像出三胞胎帶給母體的壓力和負擔遠超過一胞胎。

預防及治療的基本：早期發現早期治療、安靜療養、以及飲食治療法

■容易造成妊娠中毒症的四種情況

初次孕婦：
初次懷孕者比有經驗的孕婦有二倍多的機率併發妊娠中毒症。

高齡產婦：
隨著年齡的增加孕婦所承受的負擔越大，併發的機率也很高。

肥胖產婦：
太過於肥胖就容易引起高血壓，而高血壓卻是妊娠中毒症的症狀之一，所以罹患中毒症的機率很高。

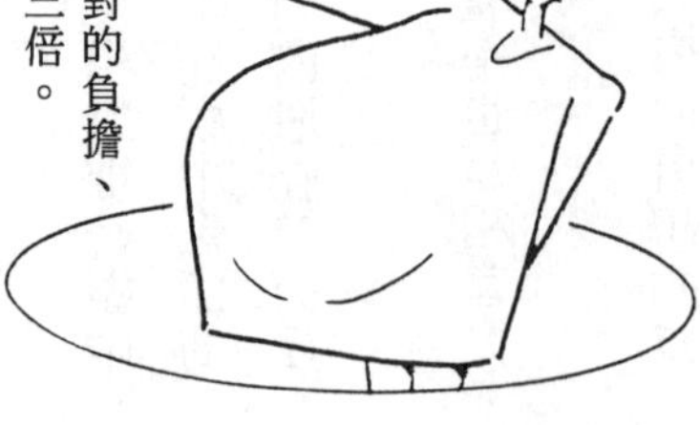

多胞胎產婦：
雙胞胎、三胞胎，相對的負擔、壓力也增加了二倍、三倍。

●不管怎麼說對付「妊娠中毒症」的方式是，預防重於治療。孕婦定期接受產前健康檢查，早期發現了妊娠中毒的症狀，早期接受治療。

●孕婦為了要達到預防妊娠中毒和早期發現早期治療的效果，孕婦須定期接受產前健康檢查，大約在懷孕七個月以前；每個月實施一次例行檢查，懷孕約八個月左右；每三週一次例行檢查，懷孕九個月時；每二週一次例行檢查，進入懷孕第十個月時，則每週一次例行檢查，而例行檢查的項目有血壓、尿蛋白的檢驗、有無浮腫症狀，以及體重的測量等。

●如果孕婦罹患了輕度妊娠中毒的話，就必須入院接受治療。此時孕婦必須保持心情的穩定，減少鹽分的攝取量，並以食物療法來進行治療。此外孕婦罹患了妊娠中毒而未必住院的情況也曾發生過。孕婦得知自己罹患了輕微的妊娠中毒時，可以在家裡實施食物療法，控制對鹽分的攝取。

●如果實施食物療法或平穩孕婦情緒的方法無法治癒的話，一旦演變成病情加劇時就得使用降血壓及利尿的藥劑了，但是仍無法控制病情的情況下，則不得不實施人工流產來保護母體了。此外，如果是在懷孕的末期階段，則得採取手術的方式進行分娩，這也是保護母體及胎兒所必須採用的方法。

■妊娠中毒症的治療是自飲食和情緒方面著手

輕微程度則在自己家中：

充分的攝取艮質的蛋白質，這是非常重要的。

以保持身心的安靜、充分睡眠為原則，冬天則必須保持身體溫暖。

嚴格的限制鹽分的攝取量，並遵照醫生的指示去做。

嚴重程度則必須住院：

經過二週以上的治療，血壓、浮腫等並未好轉的話就得住院接受治療。

在懷孕後期最需注意下腹疼痛、出血、痙攣、破水等症狀

懷孕後期發生危險信號時立即向醫生求救

下腹疼痛

生產前的症狀大多是下腹疼痛，但也可能是早產或胎盤早期剝離

迅速接受醫生診斷，或許必須動手術

通常一律稱為下腹部疼痛，但是基於疼痛的程度、痛的部位、疼痛的方式等，原因不同其症狀也會有所差異。在疼痛之間會有周期性的緩和情形，孕婦一感覺到下腹部越來越腫脹時，就可能是因為早產或者接近分娩時期所引發的產前下腹疼痛。但是胎盤提早剝離，胎兒缺氧所形成的胎盤早期剝離的原因也會引起下腹部疼痛。像這種情況下下腹局部性的疼痛，而且是突然發生的，孕婦發生絞痛時會發冷且冒汗，臉色變成蒼白，嚴重時會造成休克的狀態。

此外，下腹部疼痛也有可能是子宮破裂的原因所引起的。不管是早產、接近分娩階段，或胎盤早期剝離，或者是子宮破裂等原因，像如此激烈嚴重的下腹部絞痛，必須緊急的送往設備良好的醫院進行手術的治療。還有闌尾炎（俗稱盲腸炎）、腸管閉塞、卵巢囊腫等也都會引起下腹部的疼痛。

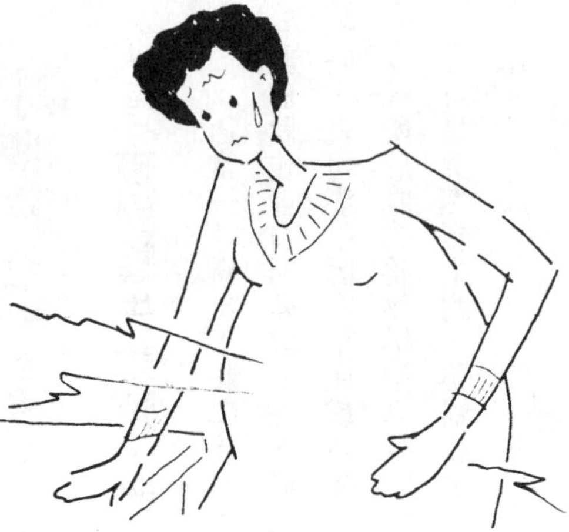

早產的疼痛會週期性的持續著

所謂「早產」就如同字面上的涵意一樣，未滿十個月而在懷孕途中胎兒提早出生。也就是從懷孕第廿八週開始到預產期前兩週前，所出生的胎兒都可以稱為「早產」。雖說早產，只不過是將預產期提前罷了，與正常的分娩並無兩樣。而早產的徵兆是出現腹痛、出血、破水等任何一種症狀，或者是上述症狀全部出現。而且早產的徵兆幾乎是突然發生的，如果要事先得知早產的徵兆是非常困難的。

孕婦可以感覺到腹部腫脹、腰部變重了，並引起持續性的疼痛。由於早產徵兆的出現，而造成為時已晚的遺憾也常發生。但是對初次擔任產婦的人而言，陣痛的方式有些類似下腹疼痛，子宮的入口也應該是緊封閉著。因此很少有胎內的東西容易流出子宮外的情形。所以首次當產婦的人如果時間充裕，可以服用止痛藥治療，以防止早產的發生。

當孕婦發現有任何的異常時，避免在嚴重疼痛時才前往醫院，孕婦採取適當的處理辦法對母親對胎兒而言都是非常重要的。

胎盤提早剝離造成胎盤早期剝離的症狀

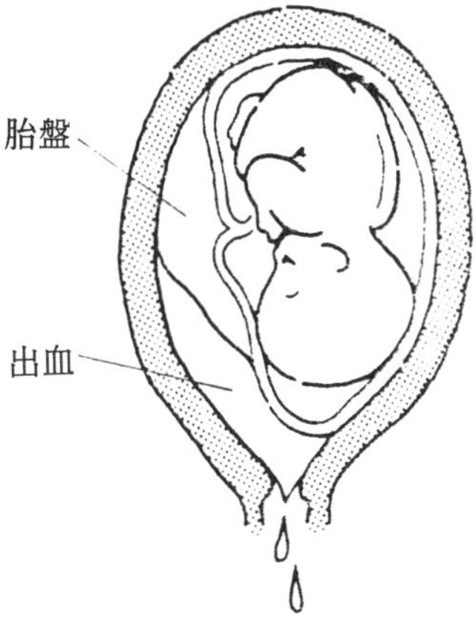

突然腹痛，可能胎盤早期剝離所造成

在生產的過程中首先是胎兒先分娩而出，不久胎盤才緩緩地流出，但是不知是什麼原因造成胎盤比胎兒先剝離母體，結果腹中胎兒因缺氧，在未出生之前就已經胎死腹中了。像這種胎盤比胎兒先脫離母體的情形，在醫學上稱為「胎盤早期剝離」，這是一種相當危險的狀態。

因為胎盤早期剝離所引起的下腹部疼痛都是突然發生的，此時孕婦的肚子會變硬、發冷並且直冒汗、臉色蒼白，然而不僅僅只有腹痛而已，還會伴隨著出血。有時未必會出血，而是血積存在腹中未流出體外，所以孕婦要小心翼翼才行。如果孕婦還罹患妊娠中毒症，其危險性更高。

出血

想到會波及胎兒及母體危險的前置胎盤或胎盤早期剝離的症狀

前置胎盤的病症並未有任何的疼痛

發生前置胎盤的病症其特徵是突然出血，並沒有疼痛的感覺。清晨孕婦一睜開眼睛，有可能下半身已經血染成一大片。在正常懷孕的情況下，胎盤是橫置於子宮的上方，附著在與生育胎兒無關的子宮口處。但不知是何種原因，造成胎盤置於腹中胎兒的下方，堵塞了子宮口因而造成了「前置胎盤」的病症。

堵塞子宮口的前置胎盤

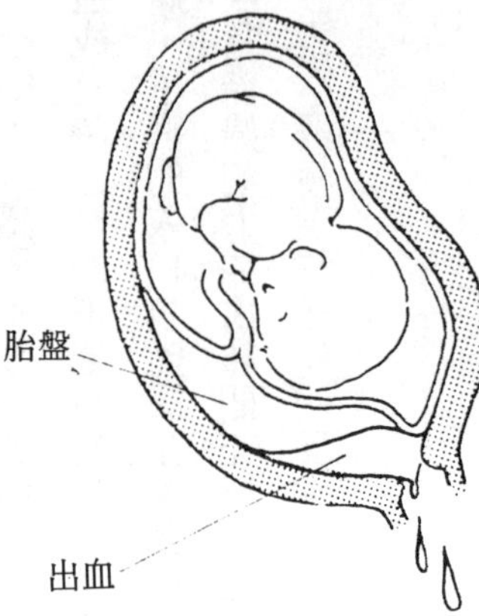

分娩的時候孕婦的子宮口會張大，如果發生了前置胎盤的病症，胎盤會堵住子宮口，當胎盤剝落時就造成孕婦大量出血。這時胎兒尚在子宮內，子宮無法正常收縮，連帶造成子宮內的血管也無法收縮，因而發生前置胎盤造成大量出血。但是非常遺憾的是大多數發生前置胎盤的病例多半在孕婦懷孕末期階段才察覺胎盤的異常，在末期以前是無法及早發現的。有時候前置胎盤也會引起微量的出血，孕婦如果發現了少量的血，即使是極少的出血也要立即前往醫院接受醫生的診斷。

最近由於超音波斷層掃描儀器及X光線的日新月異，漸漸地能夠確知胎盤的位置了。此外發生前置胎盤的病例以經常懷孕生產的人較常罹患，懷孕九個月後引起大量出血的情況也是挺多的，有些人更早大約是懷孕七個月就會有輕微出血，如果孕婦能夠儘早住院安靜接受治療的話，不管是剖腹生產或是陰道生產，皆可順利平安的完成。

胎盤早期剝離症雖出血量少，但是危險性高

胎盤早期剝離和前置胎盤一樣都很容易在懷孕末期階段發生，以及造成大量出血的原因，就母體和胎兒的安全性來看，胎盤早期剝離的危險性較高。從胎盤早期剝離的出血情況來

看，從陰道流出體外的血流量並不多；有時候也有不流出體外的情形。但是只要胎盤自子宮剝落的話，則會引起子宮內大量的積血。然而胎盤早期剝離並不僅僅只有出血的症狀而已，還會伴隨著激烈的腹痛、發冷冒汗，有時甚至會造成休克的狀態，因此這對母子雙方都會造成危險，應該叫救護車急速送往醫院急救。

通常孕婦發生了這種情況時，以剖腹的方式取出胎兒和胎盤，如果子宮收縮的情形相當不佳，其處理方式是優先考慮母體而將子宮切除。當孕婦罹患胎盤早期剝離症時，也很容易引起妊娠中毒症，所以為了預防，孕婦首先注意避免感染妊娠中毒。

痙攣

是妊娠中毒症中最嚴重的症狀，對胎兒而言也是極危險的

注意痙攣的事前徵兆

在妊娠中毒症中最嚴重的症狀是痙攣和昏睡。所謂「痙攣」是喪失意識，就這麽倒下來全身發生激烈的抽筋。通常痙攣發作持續的時間大約是二～三分左右，不久就漸漸地平息下來。如果是屬於嚴重性的痙攣，抽筋的情形會再三的重複著。孕婦重複痙攣之後會陷入昏睡的嚴重症狀，這時必須緊急和醫師聯絡辦理住院手術等措施。此外，即使孕婦痙攣的情況並不嚴重，也要讓孕婦安靜平躺著，並立刻與醫生聯絡接受醫生進一步的指示。

特別是孕婦妊娠中毒的症狀已經清楚顯現出來，如果還帶有頭痛和噁心反胃症狀的話，就得注意痙攣的事前徵兆了。

痙攣發作別慌張立即和醫師聯絡接受治療

痙攣發作時千萬別驚惶失措，這是相當重要的。首先要避免咬傷舌頭，隨後立即拿布或者小毛巾等揉成團塞進牙齒和牙齒間，但是要注意稍微留些空間，不然會有窒息的危險，因此千萬別慌張。其次是將房間的燈關掉，讓患者好好躺下來休息，並立刻和醫師取得聯絡。

此外，孕婦痙攣發作對胎兒而言也是相當危險的狀態，往往因孕婦痙攣的發作而造成胎兒死亡的案例也不少。特別是在分娩的時候發生抽筋，這對母子雙方而言都是非常危險的。

破水

如果發生於子宮口全開之前，乃意外破水的注意信號

孕婦前期破水則會引起早產或難產

生育胎兒的時候適時的破水是任何一位孕婦所期待的正常狀態。但是，距離分娩還有一段時日，不知是何種原因造成羊膜破裂，胎內的羊水流出體外，像這種情形稱為早期破水。孕婦發生早期破水很容易招致早產或難產的情況發生，並且也會引起肚臍帶自子宮內脫出的危險，以及子宮的感染。此外，孕婦前期破水的背後常隱藏著許多異常的原因，所以在分娩以前如果引起了破水，請即刻前往婦產科醫院接受醫生的診斷。

多胞胎懷孕、胎位不正、高齡產婦等也要多注意前期破水

引起前期破水的原因大致如下：

①陰道、子宮頸管的周圍引起細菌感染。

②分娩前應該緊閉的子宮頸管發生了不良的開啟。

③雙胞胎和三胞胎，很容易造成羊水壓力的增加。

④由於羊水過多症的緣故。

⑤胎位不正，胎兒的位置歪斜，很容易造成羊水的漏出。通常在懷孕的末期，胎兒的位置顚倒，頭朝下的姿勢頂住了骨盤中的開關，所以不容易引起早期破水。

⑥因爲胎兒的頭比骨盤還要大，要讓胎兒的頭順利地通過骨盤分娩是很困難。

除了上述的原因造成早期破水之外，其他的原因還有羊膜本就很弱，高齡產婦或者懷孕次數多，就很容易變成前期破水的誘因。

努力讓胎兒稍微長一點時間在腹中成長

早產

早期發現早產的徵兆就可能預防

所謂「早產」是指從懷孕七個月的第24週開始（以前是從第28週以後），並在預產期前二週分娩的情形。早產是胎兒未滿足月就出生了，所以很容易引起各種的問題、麻煩。無論如何孕婦要儘可能地避免早產，預防早產是相當重要的。很遺憾的是要預知早產的發生是不可能的，這也是婦產科醫院所煩憂的地方。所以對孕婦而言，避免陷入嚴重的情況下，在早期時為止住早產的陣痛，不妨考慮注射安胎針或者住院安靜休息等預防方法。

但是，如果早期發現早期治療的話，就能夠阻止早產的情況發生，所以孕婦要好好記住早產的徵兆。

①在預產期之前，有時會有週期性的下腹部陣痛，並強烈的感受到腰部沈重等。

■早產的徵兆

如果破水的話一定是要分娩了，而早期破水則表示早產的信號。

還未到預產期，就出現了周期性的下腹部疼痛、腰痛。

雖距分娩期有一段時間，但卻有少量的出血情形。

上述出現了任何一種症狀，都要立即和醫生連絡，早點治療以防止早產。

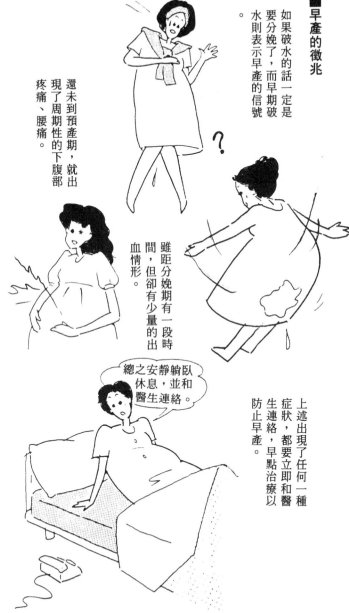

②在生產前有少量出血的徵兆出現。

③在陣痛開始之前就破水了。

上述三點症狀是早產的徵兆，因此孕婦如果發生了任何一種症狀時，應立刻接受醫生的診斷。

胎兒是否能成長的極限：懷孕約24週以後體重是一千克

■早產與胎兒的成熟度

7個月（24～27週）
體重約1000～1200公克

如果胎兒滿24週以前出生，其存活的可能性很低，七個半月之後約26～27週的話，肺部的機能已完備，並有生存的力量了，但還是不太成熟。如果將早產兒放置於人工保育器中，運用許多醫護人員、優良設備和高水準的醫療管理，其撫育的可能程度會比較高。

腹中的胎兒在預產期的前後體重平均是三〇〇〇克左右，出生之後才能健康的成長。但是如果是早產兒，因未滿足月就出生，當然胎兒的體重輕，大約是二五〇〇克以下的情況很多，因此稱為「未熟兒」。在未熟兒之中體重也有一五〇〇克或一二〇〇克左右的小型胎兒。由於早產兒的體

8個月（28～31週）
體重1500公克左右

胎兒的皮下脂肪增厚，肺部機能已完成，漸漸有能力在外界呼吸空氣。萬一孕婦早產立即送到設備完善的醫院的話，其存活率還是很高的，但也可以說是還有危險存在的未熟兒。這個階段讓胎兒在胎內多生活一週，這是相當寶貴的，所以孕婦每日的生活都必須小心注意。

9個月（32～35週）
體重2000公克左右

皮下脂肪已變得十分渾厚，身體上的皺紋已經消失了，內臟的各部器官大致完成，可以吸乳，腸胃亦可以消化東西了，即使發生了早產，放置於保育器中生命會更有韌性。這個時期是十個月前的最後階段，即使胎兒在母體內多待一天一直到臨盆，這都是母親的職責。

重輕、形體小，相對地體力弱，是否能順利的成長還挺讓人憂慮的。最近由於醫學的進步，即使生育了形體小的胎兒，其成長的可能性極高。因此胎兒是否能成長的極限，就胎兒的體重而言是一〇〇〇克左右，就懷孕期間而言大約是懷孕二四週以後。

另一方面來說，即使胎兒的形體不小，就一般而言體重未滿二五〇〇克的未熟兒其周產期死亡率（分娩前後胎兒死亡的比率）約佔七五%。像這種未熟兒，即使醫學再怎麼日新月異，其死亡的比率依然居高不下。儘管胎外的醫學相當的進步，但是對胎兒而言母親的肚子是最舒服安全的地方，而這種說法也是千古不變的定律。

早產的原因是子宮頸管不全症和妊娠中毒症

早產的原因大致可以區分為兩大類，一是子宮的異常，其中最常見的子宮異常是子宮頸管的鬆弛。懷孕至中期階段以後，胎兒變大變重了，先引起了破水，接著是不怎麼疼痛的陣痛，後來就生出胎兒的情形也有。此外，所謂習慣性流產或習慣性早產的原因可視為子宮頸管不全症所引起的。像上述的情形調查現今的懷孕史的話，就可以預知子宮頸管不全症，而且即使是初次懷孕的人，利用手術也可以預防此種病症。

習慣性早產的原因是因子宮異常之故，除此之外舉例而言是將子宮區分為二的雙角子宮或子宮腫瘤所引起的。

引起早產的第二大原因是妊娠中毒症，已經在前項部分詳細說明了。然而其他的因素尚有：母體本身早就有併發症，這也是造成早產的原因，除了心臟病、腎臟病、糖尿病、高血壓等病症外，便祕和下痢的情形也需小心謹慎。此外基於壓力而造成早產的原因也不能有所忽略。

■平時多小心注意就可預防早產

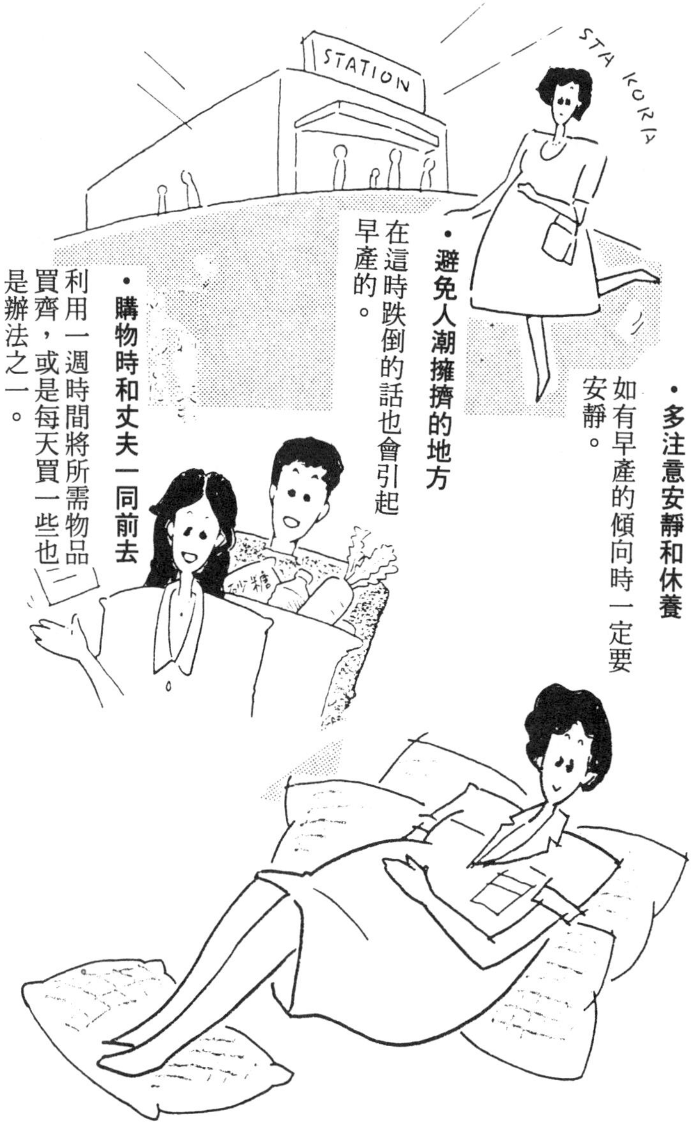
STATION
STA KORIA
‧多注意安靜和休養
如有早產的傾向時一定要安靜。
‧避免人潮擁擠的地方
在這時跌倒的話也會引起早產的。
‧購物時和丈夫一同前去
利用一週時間將所需物品買齊，或是每天買一些也是辦法之一。
砂糖

利用藥物和手術還是有可能繼續懷孕至生產

●未注意子宮頸管之際，頸管張開引起破水而形成類似早產的子宮頸管不全症情況時，適時的使用藥物治療，可以抑制早產的發生，而能夠讓孕婦繼續懷孕下去。羊膜破裂羊水流出時就無法恢復到原來的情況了，在這種情形下該如何是好呢？

例如：在破水之後馬上住院，從懷孕三個月開始至五個月左右服用抗生藥物，並使用遏止子宮收縮的藥物。像此種例子大約在懷孕七個月左右發生了破水，使用藥物而能夠持續到十個月是相當稀少的。

●由於子宮頸管的不健全，孕婦就會重複著習慣性早產，這時在已經鬆弛的子宮入口，用線縫縮子宮頸管，其效果相當的不錯，利用子宮縫縮的方法而使孕婦持續至十個月的例子也不少。

●基於妊娠中毒症而欲預防早產並不是件容易的事，但是不妨對浮腫、尿蛋白、高血壓等實施對症療法。幸運的話縱使初次受孕失敗了，但從第二次以後就能夠順利生產，所以多為第二次受孕而注意健康吧！此外，為了預防早產，孕婦可別忘了首先得安靜休養。

・上下樓梯要小心

即使沒有早產傾向的人上下樓梯也是很嚇人的，孕婦應該儘量避免。

・勿提重物

儘量請丈夫幫忙。

・在平安順利生產之前性生活是禁止的

有早產傾向的孕婦性生活一定要禁止，如果沒有的話在懷孕末期階段也必須加以限制。

早期發現要留意使其自然矯正

逆產（胎位不正）——懷孕末期大都能治癒

胎位不正

胎位不正為何令人害怕憂心呢？

所謂逆產、胎位不正等有各式各樣的類型。胎兒的屁股先離開母體的姿勢，稱為單臀姿勢。胎兒的雙腳離開母體先露出體外的姿勢，稱為雙足姿勢。或者是單隻腳先伸出體外的情形稱為不完全足部姿勢。抱住膝蓋坐著的姿勢則稱為複臀姿勢，極稀有的姿勢是膝蓋先露出體外的姿勢，但這種特例還是有的。

由於胎兒的頭部很大，如果先從頭部生育會比較順利，但是由於胎位不正，有可能是從腳部、腰部、屁股等部位先生出來，使得龐大的頭部最後才露出母體外，在這種情況下通常會有些困難生不出來。如果孕婦的產道很大很寬，碰巧胎位不正時胎兒以單臀姿勢或者是複臀姿勢出生，大致上還比較有利一點。但是不管怎麼說胎位不正和正常頭部姿勢分娩的情形

逆產的情況

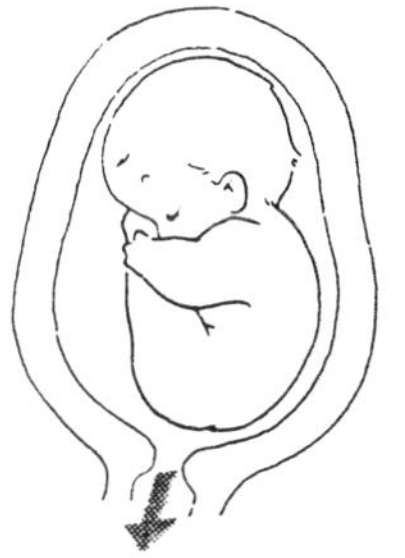

胎兒屁股先離開母體的單臀體位。通常胎位不正大部分都是這種體位。

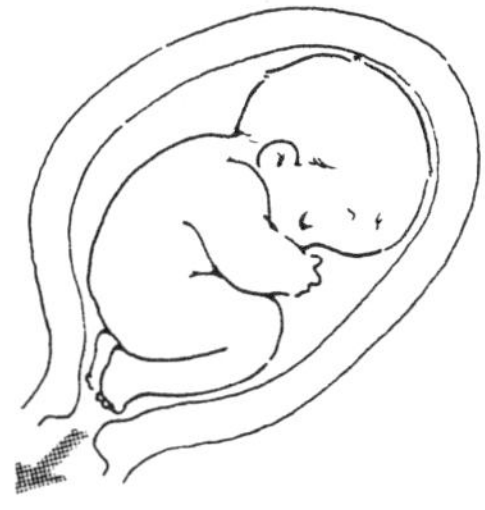

複臀位，這種情形也是屁股先離開母體，比前者稍微有利。

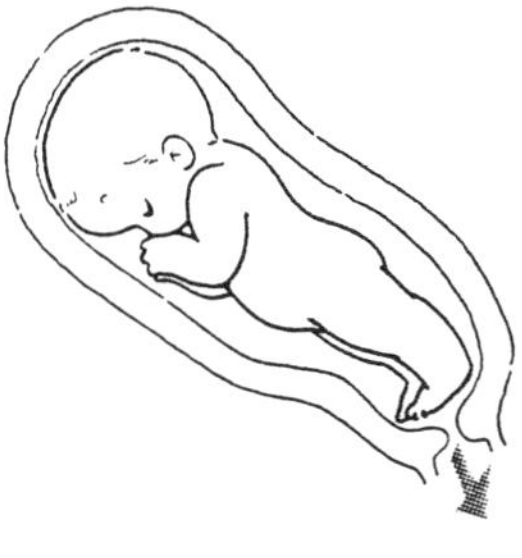

全足位，由腳部先離開母體，這種體位是相當不利的狀態。

比較起來，不利的情況還是挺多的。

當胎兒的頭部通過產道時，臍帶會堵塞於產道和頭部之間，而造成胎兒窒息，即使胎兒並未死亡，但因腦部受到壓迫而造成傷害，或者是傷害胎兒神經系統的憂慮，因此胎位不正對胎兒而言是相當不利的生產。對母體而言也是非常不利的，在子宮口尚未全開之時就引起破水，胎兒頭部受阻拖延了分娩的時間，因此很容易引起難產。

矯正胎位不正

使其自然的恢復正常的姿勢

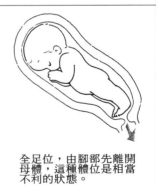

根據統計因胎位不正而誕生的胎兒約佔五%左右，然而孕婦懷孕至八個月左右胎位不正的比率約佔十四%。所以當孕婦懷孕到第八個月時得知自己的胎位不正無須憂慮不安，大部分在懷孕第八個月以後，通常胎兒會自然的恢復正常的姿勢，但並不是絕對的。如果懷孕八個月時胎兒並未自然的恢復正常的姿勢時，在八個月以後就得進行恢復正常姿勢的方法了。

①胸部、膝蓋的姿勢——孕婦俯臥在座墊上，並儘量的將屁股抬高，固定胸部及膝蓋的姿勢。

②將四～五個座墊重疊，孕婦則背部頂著座墊向上仰望挺著胸部和腹部。

③改變夜晚睡覺時的姿勢，將習慣睡眠的方向加以變成相反的方向。

●上述①和②的方法可以使用孕婦束帶來取代，效果相當的不錯，但如果腹部有脹脹的感覺時就停止使用。使用束腹帶時一次約持續十五分鐘，並且每天重複使用，大約一週之後則接受醫生的診察。

●邁進懷孕的第十個月，除了診斷胎位不正之外，尚

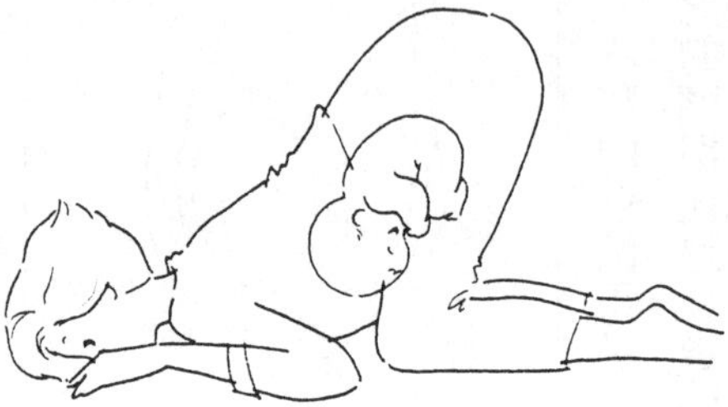

胸膝位：屁股向上抬高，腹部貼近胸部及膝部。

須注意的項目如下：①如果孕婦有破水的徵兆出現，立刻住院並保持心情絕對的安靜。

②為了生產，孕婦應及早住院以作準備。

●提到胎位不正的問題時是否得全部剖婦生產呢？如果是雙足姿勢和不完全足部姿勢所引起的胎位不正，為避免造成相當麻煩的事態，以母子的安全為前題；不妨考慮剖婦生產。縱使胎位不正，但也和大部分正常頭部分娩是一樣的，是經由陰道來分娩的。然而對孕婦而言一次剖腹生產後；再次剖腹生產的機率也會變高，那是因為孕婦未曾想過麻醉、出血、手術後感染的麻煩，因此並不能一概論定剖婦生產是最好的方法。

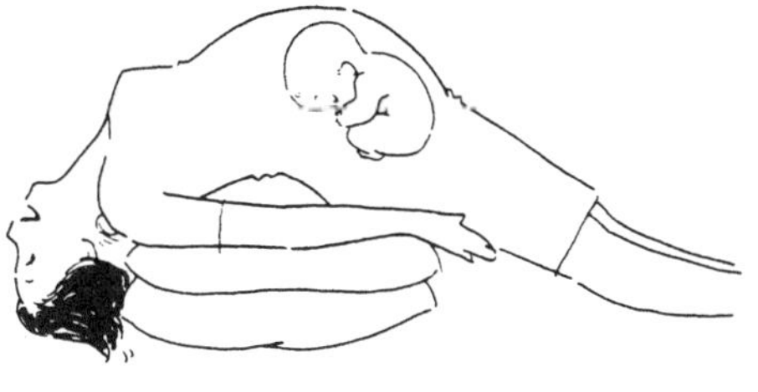

橋形：將坐墊重疊，孕婦躺在坐墊上向上仰。

●另一方面不主張剖腹生產，活用子宮頸擴大球的方式。對於逆產、胎位不正中最危險的生產姿勢是足部先伸出母體外，如果使用所謂小煙式的子宮頸擴大球，其方式是將像橡皮氣球一樣的東西放進子宮陰道內，是擴大陰道促使經由陰道分娩的方法。如果使用這種方式，不僅可以減低因足部關係而剖腹，並期待胎兒的狀況良好。

已超過預產期一段時日，在耽心的情形下不妨檢查胎兒的狀況並加以確認

超過預產期——原則上以延遲兩週為標準

胎盤的老化是很可怕的

從最後一次月經的第一天到分娩為止，其懷孕時間約二八〇天左右，所以第二八〇天則是您的預產期，但是也曾發生過已經超過了預產期一～二週卻沒有生產的徵兆。當孕婦超過了預產期而未分娩的情況時，可能胎兒已經胎死腹中了，或者胎盤已經老了，胎兒無法獲得足夠的氧氣和營養的補給，一旦分娩時胎兒無法吸收氧氣及養份而胎死腹中。

上述的案例對初次懷孕的女性而言，會有機會遭受這種特例，然而對經常受孕的產婦而言，在分娩時就比初次分娩的人來的順利，經常受孕的產婦，超過了預產期卻沒有生產的跡象，即使胎盤的功能稍有老化，但還不致於造成嚴重的結果。然而這種情況對初次受孕的人而言，超過了預產期，就會造成母子的傷害。原則上是以兩週的時間為標準，超過了兩週就

表示過了預產期，也曾發現過超出預產期十日胎兒就已經死的例子。

此外，所謂胎盤老化是因為妊娠中毒的話，預產期之前就憂心忡忡的，即使預產期並未延遲，但對孕婦而言也是無法順利的生產。

擔心是否超過了預產期可以實施檢查來判斷

孕婦已經過了預產期，如果會對母子造成危險，可以對孕婦採用人工性陣痛的方法來誘發孕婦分娩。在這種情形下可以進行種種的檢查而加以判定。

●**檢查子宮頸管的狀態**。胎兒的發育緩慢，而孕婦已經過了預產期，但是子宮的入口卻緊緊的關閉時孕婦就得注意了。

●**檢查荷爾蒙及胎盤的機能**。荷爾蒙低於標準則顯示胎盤的機能已惡化，並預想其危險性。

●**檢查羊水，檢查羊水的濃度**。如果胎便使羊水呈現黃色就得小心謹慎了。

●**檢查胎兒的心律**。孕婦一感覺陣痛時；子宮就開始收縮，子宮和胎盤的血液循環則暫時變成不正常，容易造成供給胎兒氧氣的中斷，因此胎兒的心律則逐漸趨於緩慢。這時醫生注射藥劑檢查胎兒的心律，並診斷胎兒是否能度過分娩時刻，如果胎兒的心律異常的低時，則表示是危險的訊號。

利用最新近代的方法能夠早期發現異常的狀況

胎兒在腹中呈現缺氧的狀態，而陷入危險的情況下一般稱為超過預產期胎盤機能不全症候群，這種情況下的胎兒宛如老人一樣，滿身淨是皺紋乾乾瘦瘦的。

以往超過了預產期胎兒大都已經死亡了，但是現在如果使用近代的醫術方法，早期發現異常情況就能挽救胎兒生命。

連繫胎兒和母體的安全帶——胎盤

胎兒為了自身的發育會透過胎盤攝取必須的氧氣和養分，而且胎兒的排泄物、二氧化碳等廢物也會經由胎盤的輸送而返回母體。但是自胎兒身體排出的廢物都是非常小的物質，母體不會對這些返回的物質產生拒絕反應，並能夠順利的懷胎十月，迎接新生命的來臨。

一言以蔽之，胎盤可以說是連繫胎兒和母體的安全帶。另一方面母體和胎兒也是基於胎盤之故而相互隔開的。例如：A血型的母親要撫育B血型的胎兒，這是多麼令人感到不可思議的事，通常輸血或者臟器移植的情況下，血型的不同會發生抗拒反應不接受不一的血液，甚至會造成生命危險。但是母體和胎兒為什麼不會引起抗體，產生抗拒反應呢？事實上關鍵是在於胎盤。胎盤中有一層薄膜就像一張紙一樣，將母體的A型血液和B型胎兒的血液相互分離，避免不同血液混雜。

但是有時候胎盤也會為胎兒和母體帶來不少的危險，其中之一是前置胎盤的問題，胎盤的位置錯誤時，孕婦分娩時就會引起大量的出血，在這種情況下胎盤雖在子宮的入口處，但是胎盤的位置並不正確。

還有通常孕婦分娩過後，比胎兒晚點出現的應該是胎盤，但是胎盤卻在胎兒之前先剝離流出母體外，這種現像則稱為胎盤早期剝離，這時不管是對母體或者胎兒而言都是相當危險的狀態。甚至於孕婦已經超過了預產期，卻沒有正常分娩的情況下，胎盤老化無法給予胎兒充分的氧氣和養分，而造成胎死腹中的情形。然而胎盤也有一定的壽命，其壽命正好撫育懷胎十月的胎兒，等胎兒離開母親之後，胎盤的壽命也正好結束功成身退。

最遲至少要在預產期前一個月

返鄉待產——

規定孕婦搭乘飛機的參考計劃

現代交通的便利與以往交通不便是完全不一樣的，最近在預產期之前輕鬆返鄉待產的孕婦似乎漸漸增多的趨勢，但是讓我們不禁想像的是在返鄉途中孕婦在車內生產的情形，或者在移動中孕婦分娩了，或者造成胎兒窒息而死，或者是母體出血過多，使母子陷入危險的狀態中。

●在何時返鄉待產會比較適當呢?就這一點而言航空公司就設置了十套適合孕婦搭乘的規定，其回答如下：

①在預產期前十五天～四十天左右，孕婦必須持有醫院醫生的診斷書。

②如果是在預產期兩週前，必須要有醫生隨行搭機。概括而論距預產期四十天，就沒有

事先向想生產的醫院預約，如果返鄉待產，要馬上接受負責醫生的診斷檢查。懷孕時期血壓、尿、血液等檢查資料要詳細記錄並確認，如果能提出這些資料的話則最好。

從娘家回到爸爸所等待的家裡……產後母體的恢復、初生兒的發育順利的話，產後六～八週以後就可回家了。更早一點的話或許一個月後的檢查診斷後就可以回家也說不定。

限制，但如果距預產期只剩兩週，則禁止孕婦一人搭乘飛機。總之，孕婦懷孕約九個半月以前，這個時候返鄉待產是最理想不過的了。

●在返鄉待產之前，必須先接受醫生的診斷，並遵從醫生適切的指示。返鄉之後為祈求順利的生產，必須立刻前往當地的醫院接受檢查診斷。此外有關懷孕至今母子健康手册應該詳細地記錄其經過，並為往後的生育建立一套方針等，使得孕婦對懷孕～生產的過程能夠充分連續。

資料的確認和詳細聯絡分娩的事項

●孕婦對懷孕的過程中有任何不明瞭的事情，就如此擱著不管，在分娩的時候才與主治醫師會面；難道不會有不安憂慮的感覺嗎？所以對孕婦而言別忘了事先將有關母子健康的記錄、詳細的聯絡事項登記於母子健康手册中。對於血壓、尿、血液等詳細資料仔細的記錄下來並加以確認。此外為了祈求平安順利的生產，孕婦不妨早些預約住院待產，如果孕婦決定要返鄉待產，返鄉之後立即前往醫院並與當地負責的醫生聯絡，接受醫生的診斷了解情況是非常重要的。

搭乘飛機的規定是：如果是預產期前十五～四十天，必須有醫生的診斷書和孕婦本人的誓約書。如果是預產期前十五日以內的話，必須醫生同行。總之，預產期的四十天以前就沒有限制，這時返鄉待產是最理想不過了。

返鄉的交通工具最好是選擇不怎麼搖晃的電車、火車。如果前往機場的路途不遠的話也可以考慮一下。利用汽車返鄉只需花二～三小時則還可以，如果超過，只好邊開邊休息了。

●對孕婦來說常常會有不安的心緒，例如：何時返鄉待產比較恰當呢？何時會分娩呢？何時才能安然回到家呢？孕婦總是不斷的憂心著。與其懷著不安的情緒，倒不如好好訂立計劃分娩的方法，事先好好地與醫生詳談，您覺得如何呢？選擇適當的時期入院，計劃分娩的方法也可以說是解決返鄉待產的煩惱之一。

●孕婦與其耽心待在家中的丈夫，憂心家中事物等等，倒不如多思考如何讓母體恢復健康，胎兒的發育狀況和胎兒的健康狀能。然而孕婦產後何時返家較適當呢？通常是產後六～八週左右較適合，更早一點，大約是孕婦結束了一個月檢查診斷後，就算即刻返家也無妨。

多胞胎懷孕和排卵誘發劑

何時才能得知懷了雙胞胎呢？

●一旦進入懷孕後期在產前健康檢查中子宮、肚子等隨著懷孕週數而逐漸變大，由此一來可以明瞭許多事，例如在醫生的觸摸診斷中可得知胎兒的身體部分和頭部都有兩個（或者兩個以上）。

●即使是在懷孕的初期階段，使用超音波斷層掃描儀器測試，可以發現孕婦腹中裝有兩個胎囊袋，只要胎兒稍微成長就能很清楚很詳細看見兩組胎兒頭部，甚至於在懷孕的後期階段，用X射線攝影就更能確認是雙胞胎了。所以在生產時沒有發現雙胞胎的情況是相當稀少的了。

●在雙胞胎懷孕當中非得小心翼翼的是妊娠中毒症和早產。比起一般的單胎懷孕而言雙胞胎的情況是孕婦的肚子較重，身體的移動也變得遲鈍多了，全身的負擔也加重了，這時妊娠中毒症的症狀就很容易出現，而且也很容易越演越烈。

通常雙胞胎的懷孕大約八〇%會比預產期早一些分娩，平均大約早三週左右分娩，然而出生的胎兒大多是未熟兒。

排卵誘發劑的效用和副作用

昔日多胞胎懷孕的比率中大約是九十個例子中有一個例子是懷雙胞胎，如果三胞胎，大約是八一〇〇個分娩的例子中只有一個比率存在。但是如果孕婦使用排卵誘發劑的話，似乎會生育出稀少特例的五胞胎或六胞胎。也並不是說只要使用排卵誘發劑就一定會多胎懷孕，只能認為是使用此藥劑過後，很容易生育出雙胞胎或三胞胎的副作用之一。

此外，排卵誘發劑如果藥性太強，很容易引起卵巢腫脹；造成卵巢囊腫，而且這種現象也常常發生，非得小心謹慎不可。甚至於嚴重的話會變成孕婦的腹部及胸部積存了大量的胸水及腹水，而演變成非得住院不可。就這一點而言藥物分量的使用是相當困難的，所以衷心期盼外行者避免亂服用。

此外，在持續注射排卵誘發劑時，必須入院一方面每日檢注射劑的注射效果；以及檢查副作用的形成等，這是非常重要的。無論如何對希望擁有小孩而無法達成夙願的人而言排卵誘發劑是他們的福音，但是也不可忽略副作用所帶來的威脅，所以得非常謹慎不可，並好好活用藥劑所帶來的另一種功效。

第四章　分娩前後

——終於開鑼了，期待順利生產

住院時必備物品和胎兒所需物品在生產前須事先準備齊全

住院時需準備的物品

首先確認待產醫院後再行準備生產物品

懷孕到了八個月時，得事先為住院時所需物品提早作準備，生產時才不致於驚慌失措。

●事前將待產所需的物品一併裝進旅行袋，或者是行李箱內，但記住喲！請將它置於容易提出並顯眼的地方。

●由於待產醫院的規定不一，所以準備待產物品多少也會有些差異，因此孕婦在住院前要仔細閱讀醫院手册，如有不明瞭的地方應事先向護士詢問。

●關於胎兒的用品，在出院時將胎兒物品收拾整齊，必要的話母親所需的物品和胎兒用品分開放置。孕婦產後約一個月左右還不能外出，所以出院之後孕婦返家，關於撫育胎兒必備的嬰兒用品應該事先準備齊全，以備不時之需。

住院時所攜帶的物品（媽媽的物品）

◎便服或睡衣（前面可打開的、棉製品）3～4件。
◎寬鬆的家居服。
◎腹帶或懷孕用的束腰帶2件。
◎丁字帶2二條（有時醫院會事先準備）。
◎生理褲2件。
◎產褥用布巾。
◎胸罩、襯衣、三角褲等換洗內衣2組。
◎浴巾2～3條（包括授乳時候在內）。
◎紗布（30公分四方）20份左右。
◎塑膠袋（放垃圾及髒東西）4～5個。
◎盥洗用具（牙刷、牙膏、肥皂、梳子、化妝水、乳液等）。
◎餐具（碗、筷子、湯匙、水果刀等）。
◎紙巾（箱子包裝比較方便）。
◎包袱布巾2～3條（出院是會有用的）。
◎其他物品、拖鞋、短襪、付有耳機的錄音機、熱水瓶等，有上述所提的物品會比較方便。

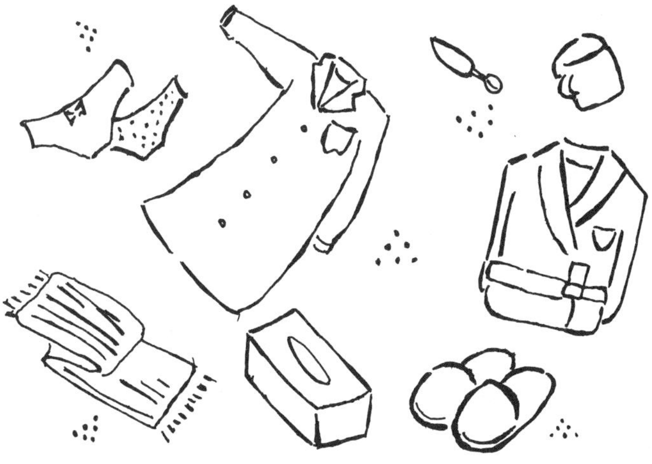

住院時的必備文件

◎整理懷孕後期定期產前檢查的文件和生產文件，並帶著住院時必備物品等到醫院去。
◎掛號証。
◎母子健康手册。
◎健康保險証。
◎住院預約和住院証書（有些醫院不需要）。
◎印鑑。
◎事先預備文具、零錢會較便利。

嬰兒的必備物品

◎出院時嬰兒必備物品有嬰兒衣服、內衣、長褲、嬰兒棉斗蓬等各一件，並準備尿片，所攜帶的物品則請順應季節調整。
◎紗布的手帕數條（圍兜兜）。
◎帽子（冬天防寒、夏天防曬）。

事先準備的嬰兒用品

◎座墊2個、棉被1條、毛毯1～2條。
◎毛巾毯一條。
◎嬰兒用毛巾。
◎浴巾。
◎臉盆。
◎水溫計。
◎嬰兒皂。
◎體溫計。
◎棉花棒。
◎指甲剪。
◎奶瓶2～3罐及奶嘴數個。
◎脫脂棉。
◎消毒棉花。
◎衣服（內衣、長褲、棉背心等準備數件應季節之需）
◎尿片（20～30組）。

此外，由於胎兒的出生，親朋好友所祝賀贈送嬰兒用品服飾等也會不少，因此孕婦在最小的限度內別胡亂添購一些不必要的物品，或是瘋狂採購等這才是明智的作法。嬰兒所需要的如嬰兒床、體重計、嬰兒車、嬰兒用毛毯等如果有租借公司可供租借，不妨可以利用。

自生產期前三週～數日之內，就會出現症狀

接近生產時的信號

預產症狀會重複出現

雖然孕婦尚未生產，但接近產期時多少都會出現預產的自覺症狀，孕婦不妨以此作為待產的準備。如果預產症狀出現，就表示迫近了生產階段了，而症狀大約在預產前二～三週會陸續出現。

●胎兒的頭會向下滑落到骨盤中，整個子宮向下掉而眼睛所看得到的肚子，也向下的感覺，使得整個肚子向下突出的更為明顯。這時從下往上推，整個胃會感覺到蠻舒服的。

●這時精力充沛的胎兒會因骨盤向下滑落，而孕婦也似乎感受不到胎動，但是事實上並不是沒有胎動，而是因為已迫近待產期了，所以孕婦無須擔心緊張。

●由於子宮、陰道等為了生產作準備也會變得很柔軟，而子宮頸管打開，白帶分泌物會

感覺到胃部四周空空的

因爲胎兒的頭部朝下進入骨盤中，由下向上推的話胃似乎空的，想進食、情緒上蠻穩定的。

胎動變少了

預產期二～三週前胎兒的活動漸趨平緩。

粘液性的白帶增加了

產期的前兆是白帶增多，顏色是白且透明。

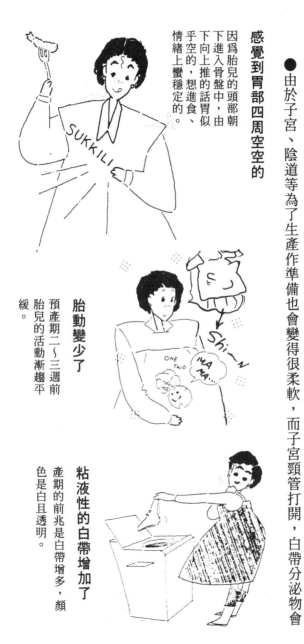

比以往多且粘粘的，而白帶的顏色是白且透明的，並且會一直持續到分娩。但是如果白帶分泌物呈粘液性且略帶褐色，或者混雜著血液時就得小心注意了，或許是快生產了。

與陣痛有別的腹痛

●孕婦要生產前會有輕輕地腹痛的感覺或是感覺到肚子脹脹的，下腹部有逐漸變硬的趨勢。在一天內總會感受到好幾次的脹痛感，而且脹痛的間隔時間也會逐漸縮短，上述的自覺性症狀會聯想到快臨盆了，但是這種痛並不像在真正分娩時痛得那麼劇烈。而是不規則的重複著些許的疼痛狀態，無須憂心忡忡。

●由於骨盤因胎兒的緣故向下滑落，而壓迫著膀胱造成孕婦有頻尿的現象產生，在半夜時孕婦頻頻會有強烈想上廁所的感覺，即使排尿了，也總是感覺尿液尚未清除乾淨似的。相同地理由胎兒也會壓迫著腸管，因此很容易引起孕婦便祕。

●骨盤因胎兒的緣故向下滑落，這種情況下會造成壓迫著骨盤內側的神經，引起腳跟的疼痛造成行走困難。也為了讓分娩時少受一點罪，腰骨關節會有些許鬆弛，也會有腰痛的情形發生。此外，初次生產的孕婦比經常懷孕生產的孕婦更容易感覺到腰痛及腳跟的疼痛。

●食慾也變得大增。

肚子頻頻膨脹

一到懷孕的末期會引起輕度子宮收縮，肚子變硬，並感覺脹脹的，更接近產期肚子膨脹的情形會更頻繁，每隔十分鐘就會引起規則性的收縮，而漸漸形成陣痛。

大腿跟部抽筋

因為胎兒的頭部壓迫骨盤內的神經而造成的症狀。

常想上廁所

那是由於胎兒的頭朝下壓迫膀胱的緣故。

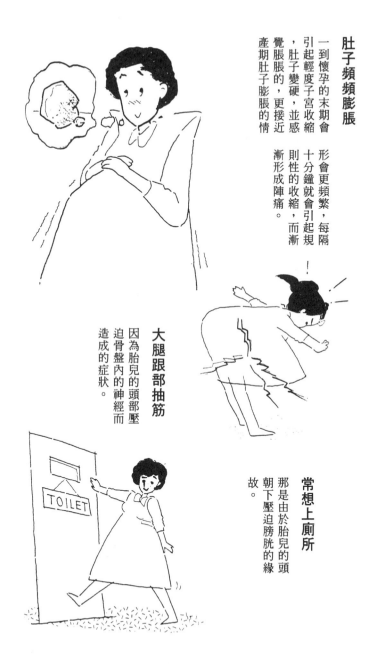

趕快住院，但千萬別驚慌失措好好的辨別症狀

生產前的三個信號

如果出現了三個信號中的一種信號，則表示好戲就要開鑼了

已經出現了預產症狀之後，接下來則是出現生產前的三種信號，如果有一種情況發生，就表示分娩的戲就要開鑼的信號了，這時孕婦得做住院的準備；與醫院聯絡而住院待產。

●陣痛的情況會每隔十分鐘重複發生，而且間隔的時間也會逐漸縮短。所謂「陣痛」並不單單只有下腹部疼痛而已，肚子會變硬而逐漸帶有規則性的疼痛。如果每隔十分鐘就引起陣痛的比率，則表示開始分娩的信號顯示了。對初次懷孕生產的人而言，每隔十分鐘引起陣痛，就要準備住院了，但是對經常懷孕生產的人而言，每隔二十分鐘引起陣痛，則準備住院是最安全的了。

●所謂分娩信號：在白帶分泌物中夾雜著血液，則已經迫近分娩的時刻了。在開始進行

1陣痛：每隔十分鐘引起規則性的疼痛

到目前為止肚子屢次發脹，漸漸形成了規則性的疼痛，大約每隔十分鐘發作一次，而變成陣痛的開始。所以建議孕婦不妨將發作的時間記錄下來。

2徵兆：出現了血和白帶分泌物

包裹胎兒的卵膜自子宮剝離，結果自然流出血液，而淡粉紅或褐色的白帶也隨之流出。

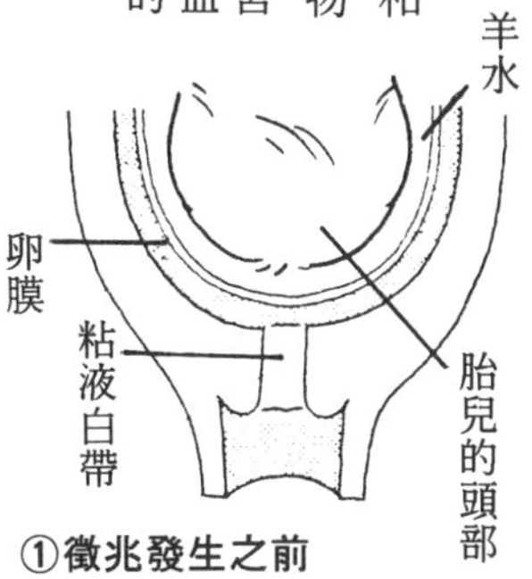
羊水
卵膜
粘液白帶
胎兒的頭部

①徵兆發生之前

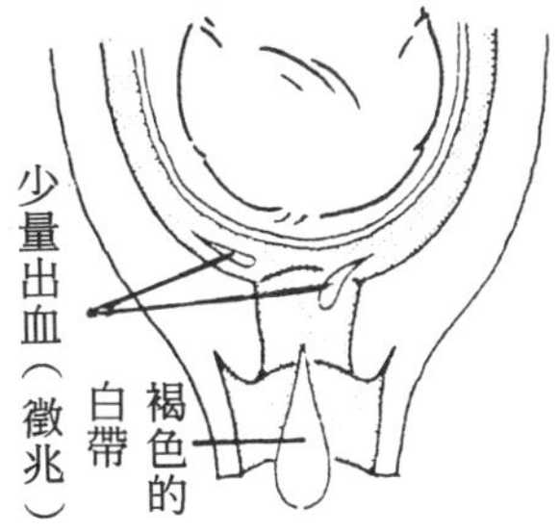
少量出血（徵兆）
褐色的白帶

②卵膜稍微剝離

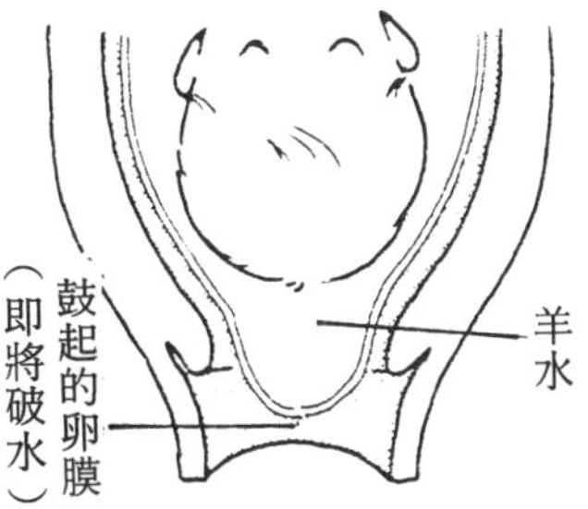
鼓起的卵膜（即將破水）
羊水

③羊水中的卵膜鼓起

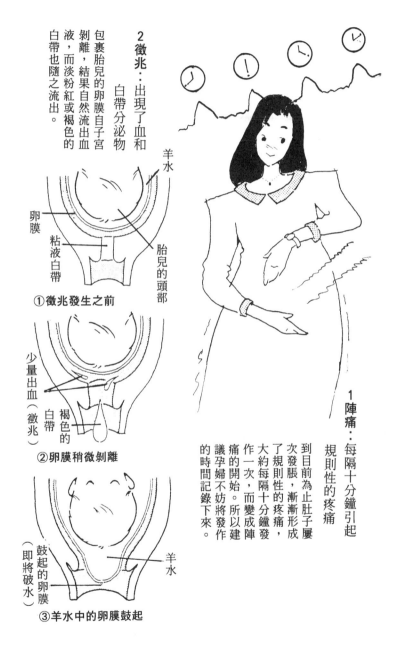

分娩的時候，子宮口打開；這時包紮著胎兒的卵膜會逐漸剝落而引起出血。而這血液會混雜於子宮頸管的粘液性白帶而流出體外。而白帶的顏色會變成粉紅色或褐色，當這種信號出現之後，並不會立即引起陣痛。也曾有過上述信號發生約二～三天左右才分娩。

如果發生破水則立即住院

●開始為胎兒的分娩作準備時，子宮口完全打開而卵膜也破裂了，這時卵膜中的羊水會流出來。像這種微溫流出的液體，一定要和白帶好好區別。雖然像這種情況稱為「破水」。但有時子宮口只打開到某種程度也會引起破水（所謂「早期破水」）。總之不管是哪種情況的破水，只要是破水就立即想到分娩就沒錯。不過通常破水都是在分娩台上引起的。

不過前期破水子宮口尚未完全張開，雖沒引起陣痛羊水就流出來的情況也曾發生過，像這種情形不久就會分娩了；在入院前所必須注意的是細菌的感染。破水後經過了四八小時以上，殘留在子宮內的胎兒或占二一％多的羊水已有細菌感染的可能性很高，必須小心。如果開始發生破水，是絕對禁止入浴的，孕婦應墊著清潔的紗布或者是生理期間用的衛生棉，然後利用車子迅速送往醫院，在車內時孕婦儘量將腰部抬高；並橫躺著會比較理想。

3 破水：如微溫的水一般流出體外

通常住院時陣痛會變得很厲害，子宮口全開而引起破水的症狀，有時也會造成提早破水，孕婦即將分娩時請立即住院。

如果有破水的症狀時，孕婦不妨先墊上紙巾，並立刻搭車前往醫院。

由於有細菌感染的危險，所以禁止入浴。

母體與胎兒兩方的力量＝娩出力、產道、胎兒

順利進行分娩的三種力量

陣痛和使勁力量

胎兒的頭部進入骨盤內，一旦到了娩出的階段時，子宮會引起收縮而造成疼痛（陣痛）之外，還加諸自然的使勁力量。

所謂「使勁力量」是自然引起的力量，當胎兒要從子宮內到子宮外時，只有陣痛是不夠的，更重要的是要有母體使用腹部的腹壓力量而使勁的將胎兒推出體外。這又加諸了陣痛及使勁力量之助，使胎兒滑落至產道；通過陰道而到達體外，使得另一個新生命旅程的開始。然而這種使勁力量是自然反射性而引起的，如果使勁力量很薄弱，生產的時間就會延長，如此一來不管是母體或是胎兒都會疲憊不堪，所以生產前不妨多練習一下腹壓的使勁力量。

軟產道和骨產道

胎兒自母體內的子宮到外界世界所經過的過程稱為「產道」。所謂的產道有軟產道和骨產道，胎兒就是通過這兩個產道而到外面世界的。

通常子宮的下部和子宮頸、陰道、外陰部的一部分則稱為軟產道。只要血則稱為軟產道。只要血液能夠充分地流通，胎兒能夠輕鬆地在母體內伸展

[1]陣痛和使勁力量：將胎兒推出體外的兩股力量

娩出的力量包括陣痛和腹壓（使勁力量）。陣痛乘勢襲來，再加上使勁力量，那母親就能盡到其生育的職務。

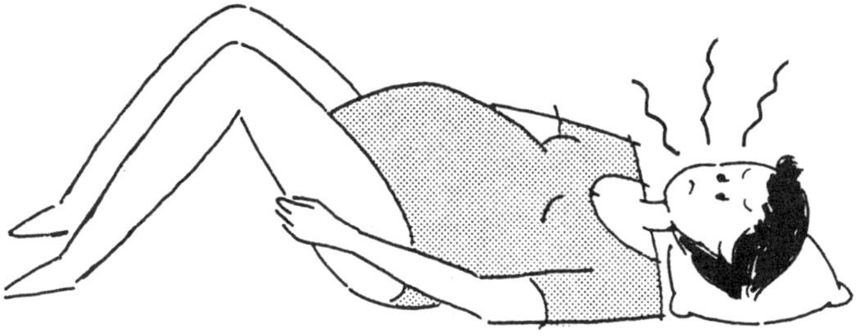

[2]產道：胎兒須通過兩個產道

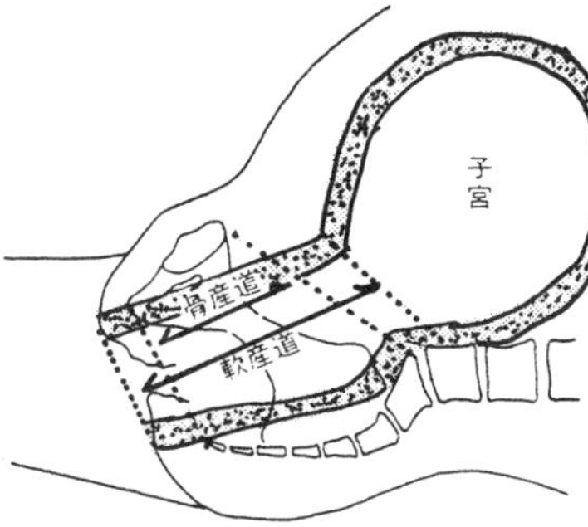

骨產道和軟產道

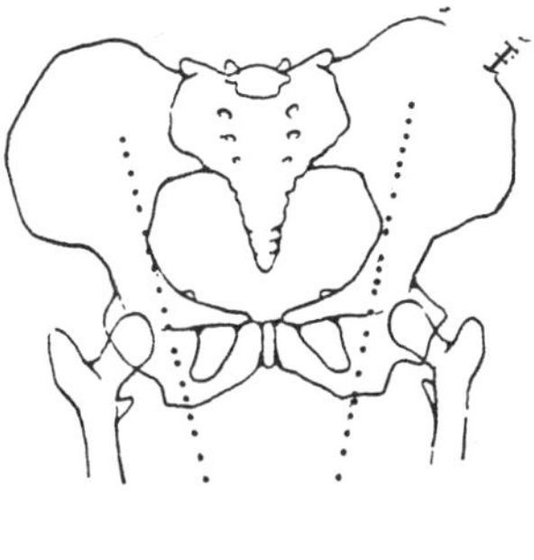

從骨盤的正面來看

活動，便能順利平安的通過軟產道。另方面，包圍著軟產道的骨盤，醫學上稱為骨產道。骨盤不僅硬而且窄小、並呈彎曲狀，上側部分是左右較為寬；下側的部分則是前後長長的開展。此外產道的重要條件是骨盤的寬度足夠讓胎兒通過，軟產道的筋肉能夠有彈性的伸展。

胎兒頭部的旋轉（旋回）

3胎兒：配合胎兒的頭骨形狀，而讓胎頭自動轉回正常的位置，要正常生育胎兒可要加油哦

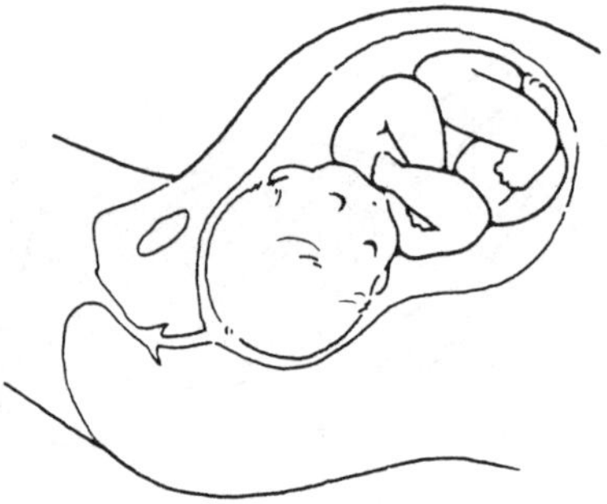

①胎兒的頭部朝下進入骨盤中

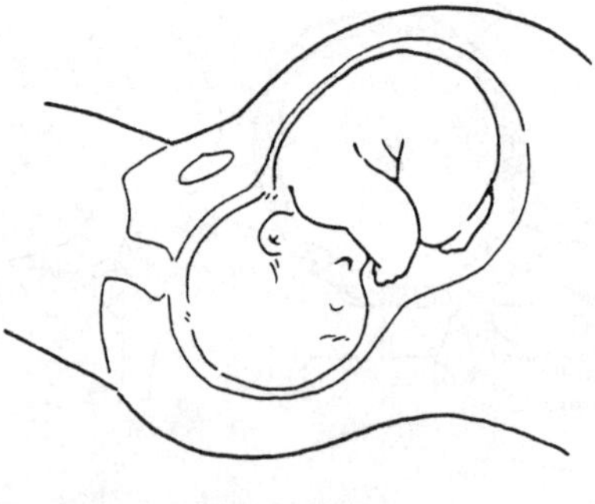

②朝向母體的背部方向

胎兒在通過產道的時候，會很自然地一邊將頭部旋轉，一邊通過產道而到外面世界，像這種情形醫學上稱為「胎頭的旋回」。分娩的時候胎兒的頭部會藉破水，而順利的被推向產道，這時頭部會自然地配合骨產道的形狀而滑出體外。

通常在骨盤的入口處胎兒的頭部是橫向的，途中會自然的旋轉改變方向，不久一旦到了骨盤下側的部位出口時，胎兒的頭部已旋回成縱向才能順利到體外。最理想的情形是胎頭的前後呈長橢圓形，這個階段胎兒的頭蓋骨尚未變硬，所以胎頭會自然地配合骨盤的大小形狀，因此頭部的形狀會變成各種樣子以便順利通過產道。

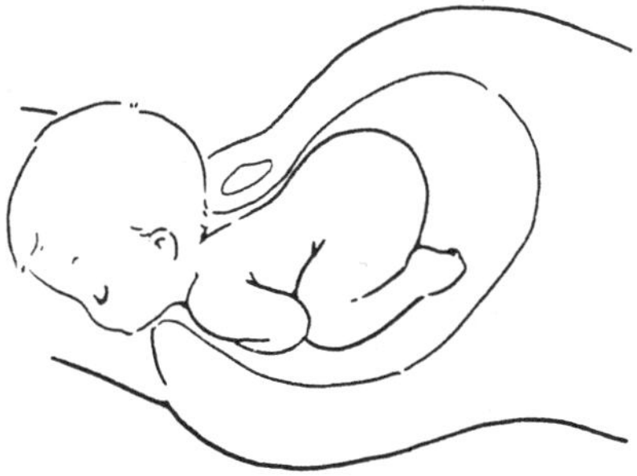

③頭部先離開母體

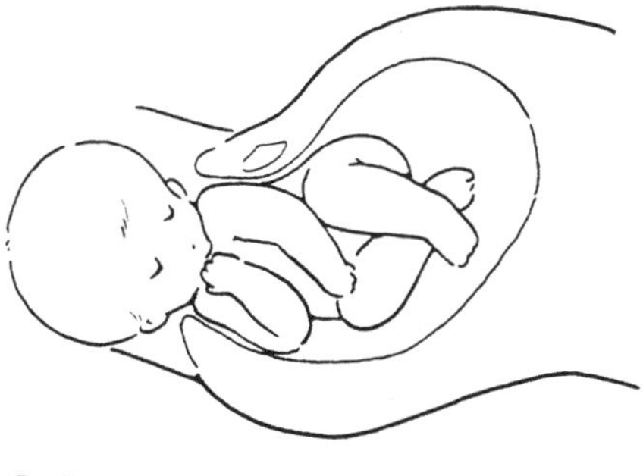

④再一次橫向旋轉，肩部隨之而伸出

母體忍受著陣痛的煎熬，胎兒也需竭盡全力努力奮鬥

分娩情形如下敍進行著

開始規則性的子宮收縮，大約每隔十分鐘左右引起陣痛，不久子宮口會張開到胎兒的頭部能夠通過的大小，這子宮口張開的時間：初次分娩者費時約十～十二小時；有經驗者費時約五小時。

第一期

《第一期的狀態：》

●子宮收縮時會引起陣痛，這時血液會大量流向子宮，當子宮的收縮趨於鬆弛時，陣痛就會平息；但血液的流動衰是相當迅速，以便供給胎兒充足的氧氣。然而子宮口開張時期的疼痛大約是每隔十～二分鐘左右，疼痛持續的時間約十～十二秒左右。

●此時子宮所呈現的狀態是：基於子宮的收縮子宮頸管會向上拉寬，另一方面，子宮內部裝載著胎兒的羊水卵膜會因周圍的擠壓而膨脹，並緩慢的向子宮口移動；加壓使子宮口開

＜胎兒的樣子＞

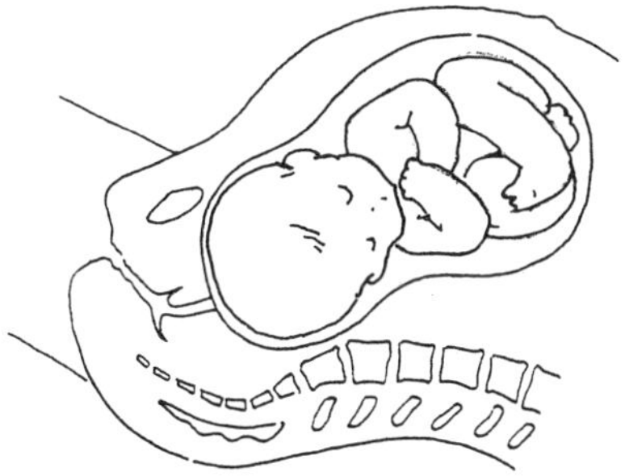

◀ 陣痛開始的時候子宮還緊緊關閉著。

得能容胎兒的通過。

●子宮口打開至四公分以上時，出處會變得相當柔軟有彈性，而且薄薄的。

●當孕婦在陣痛室或病房時，如果陣痛的情形尚未很嚴重時，不妨以輕鬆的姿勢坐著，與家人朋友閒話家常，以緩和緊張情緒，或者小睡片刻等待第Ⅱ階段的娩出期。

●進入第Ⅰ期的後半階段，陣痛會越來越激烈，這時孕婦不妨做做腹式呼吸或是腹部的按摩，以緩和疼痛感。所謂

＜母體＞

緩和疼痛的按摩・圖1

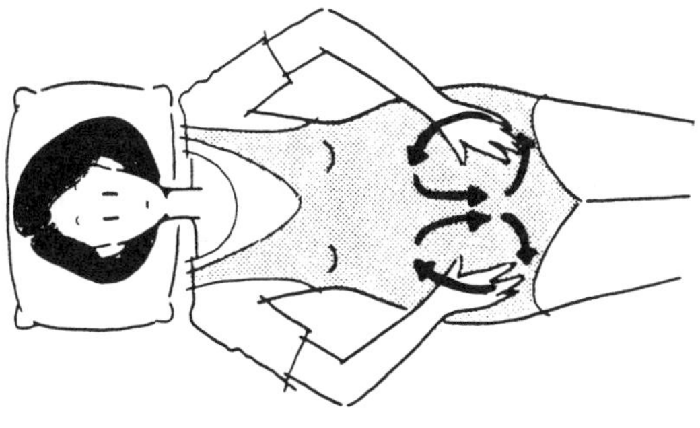

用手按住下腹部，配合著呼吸輕輕在腹部畫弧形一般按摩。

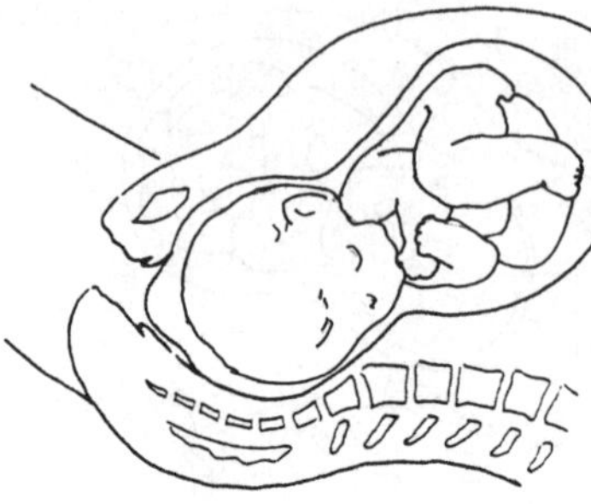

◆ 卵膜鼓起向子宮口的內側擠壓伸展。

腹式呼吸是：橫趴著並在肚子下放置坐墊，以最舒服輕鬆的姿勢做深呼吸。深呼吸的比率大約是在一分鐘內進行十次左右，利用三秒的時間吸氣，三秒吐氣的速度重複十次，大約費時一分鐘。如果腹式呼吸能和肚子的按摩同時進行，陣陣痛緩和的效果會更好。

●所謂肚子的按摩是：將兩手輕輕地按著下腹部，一邊做深呼吸一邊將兩手在下腹的左右兩側、側腹部位等像畫半圓似的摩擦，然後再由上向下

緩和疼痛的按摩・2

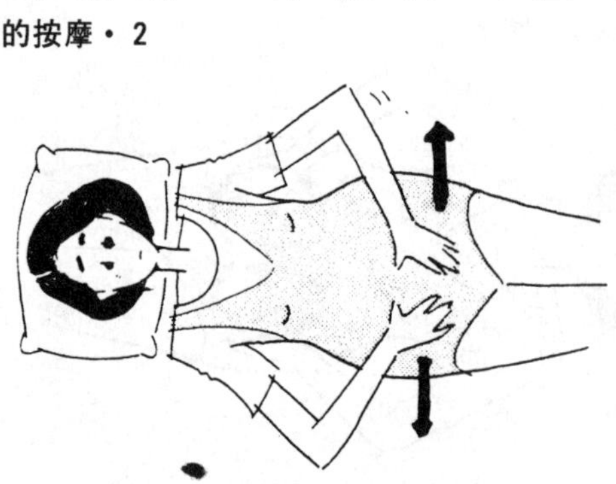

兩手平行按住下腹部，平行向兩側挪開。

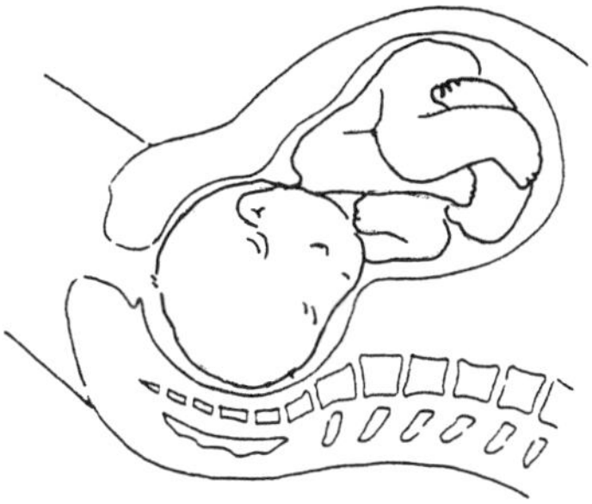

← 子宮口全開、卵膜破裂、引起破水。

返回原先的起點，接著吐氣。

●水平方法按摩肚子：首先將兩手張開輕輕地按住下腹部，大拇指和食指形成倒三角形，就這樣一邊吸氣一邊慢慢地將手指向側腹部位挪開，接下來一邊吐氣一邊將手張開緩慢摩擦返回原先的位置。建議孕婦發生陣痛時，不妨試試看這種操作方便的按摩方法。

●至於飲食方面：不妨在未發生激烈疼痛前事先用餐較為理想。

●至於廁所的地點：請前

緩和疼痛的按摩・2

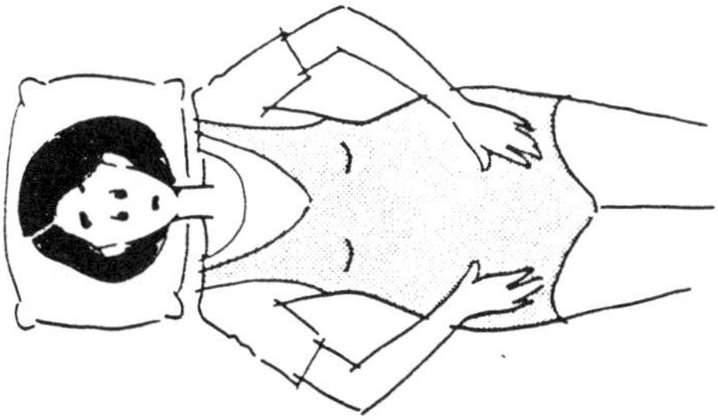

一邊吐氣一邊用手按摩返回原來位置。

往醫院所指定的地點。

第Ⅱ期

子宮口完全打開，胎兒也鑽進產道了，因此在出生前這一段時刻則稱為「娩出期」。初次分娩者費時約二～三小時，有經驗的分娩者則費時約一～一・五小時左右。

≪第Ⅱ期的狀態：≫

●子宮口全開，卵膜破裂羊水流出後就將胎兒推向產道，如果孕婦已到了這段時期，就表示該進入分娩室待產了。

●陣痛的情形會越來越劇烈，而且陣痛的間隔時間也會隨之縮短，一旦再發生陣痛，胎兒的頭部會在外陰部忽隱忽現，接著會有持續性的陣痛，即使陣痛已平息了，胎兒的頭痛依舊懸在外陰部，不會有縮進去的可能。

●這時則是需要最大娩出力量的時候了，就是所謂「分娩顛峰狀態」。陣痛會陸續的發

≪胎兒的樣子≫

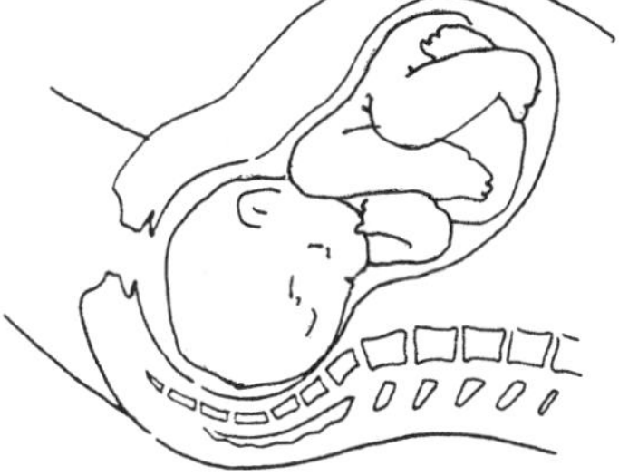

← 娩出期的初期會將胎兒推向產道。

生幾乎無停頓，即使孕婦不想使用腹壓的力量，也會自然的呈現出使勁用力的狀態。

●在第Ⅰ期的子宮開口期階段，為了緩和疼痛而儘量不用力採最舒服的姿勢休息，但是在第Ⅱ期階段必須竭盡所有的力量，非得將胎兒擠壓到體外不可，只有陣痛壓縮的力量是無法完全將胎兒安全順利地送出體外的。

●孕婦充分運用自然的反射的使勁力量，在娩出時期是相當重要的。在分娩前不妨多

≪母體≫

腰部感覺強烈疼痛的話

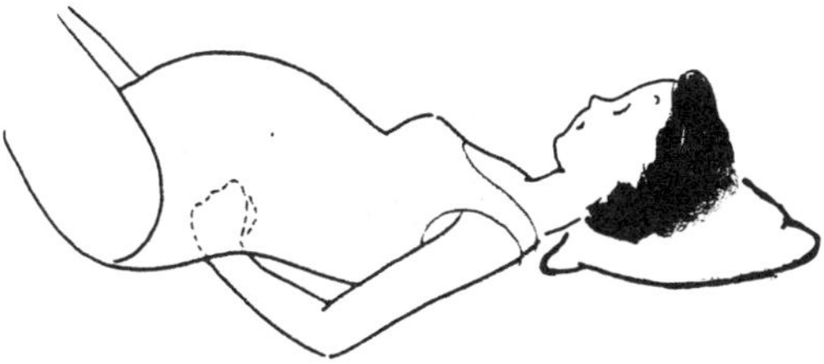

使用拳頭壓迫法壓住腰骨的內側，如此一來就可緩和疼痛。

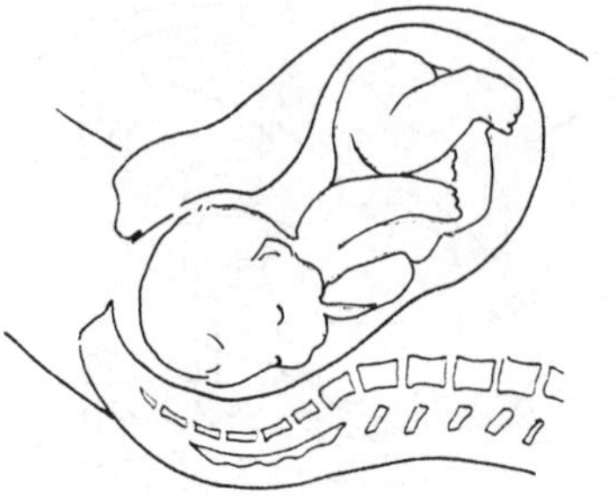

← 子宮收縮的時候胎兒頭部隱約可見。

多練習這種力量。

●所謂「使勁用力」的方法是：躬著腳的形狀和提高膝蓋部位。在練習時臉朝上平躺著，將背部貼著床、縮下顎。還有，將腳、膝蓋抬高，像是要靠貼著胸部似的。接著大大的深呼一口氣並摒住氣，就像是排便似的將力量集中於肛門部位的使勁力量。此外，使勁用力的時候如果發出高聲，就彷彿是洩了氣一樣，力量會消失的無蹤。

實際上在分娩的時候，即

四支手指壓迫法

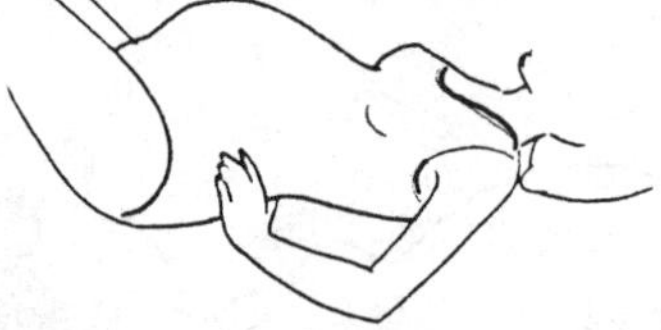

大拇指壓迫法

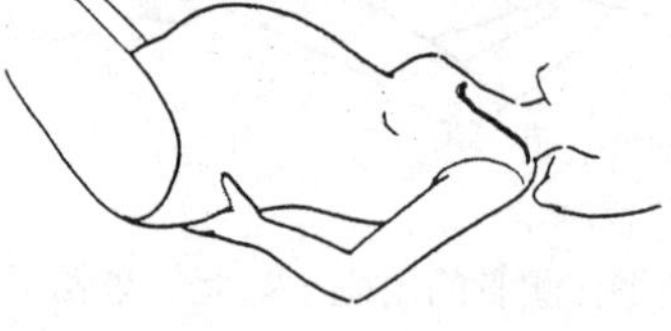

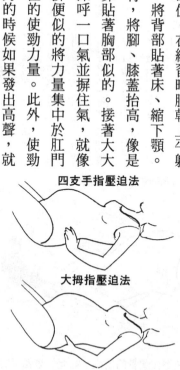

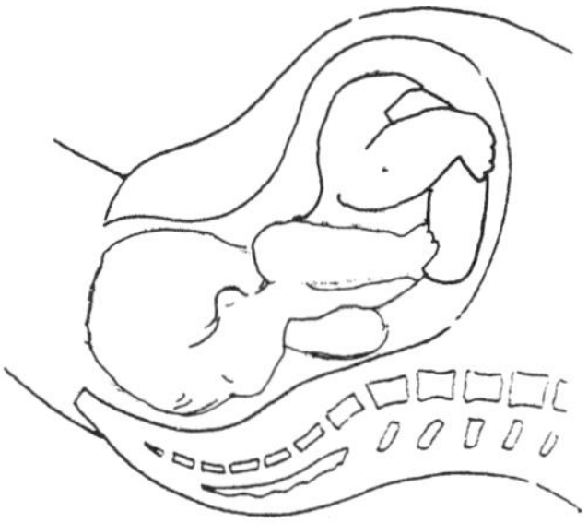

◀ 有時陣痛尚未發作就已經看見胎兒的頭部。

使陣痛發作了還不會馬上分娩的，陣痛發作時不妨深呼吸二～三次，最後才大大的深呼吸一口氣並摒住呼吸，當疼痛平息之後才吐氣。為了使身體輕鬆舒適一點，在下次陣痛時不妨實施腹式呼吸以減輕陣痛的煎熬。但是，孕婦練習使勁用力時也有些人因而引起了流產、早產，練習前不妨先和醫生商量一下較為妥當。

●若是胎兒的頭已經露出來，要遵從醫生助產士的指示竭盡全身的力量，張開口大大

熟練使勁力量

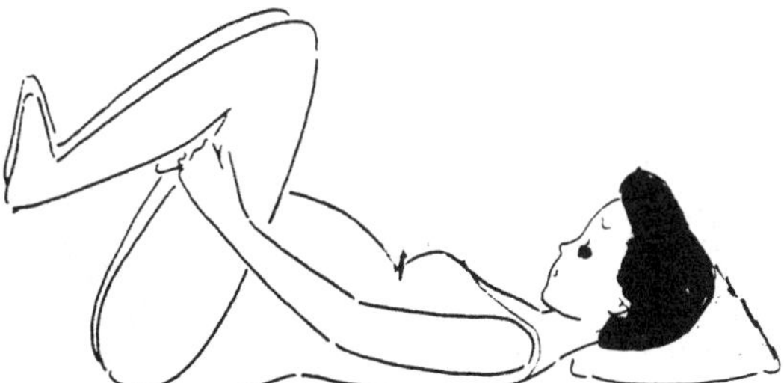

配合陣痛的節奏，重複使勁力量。

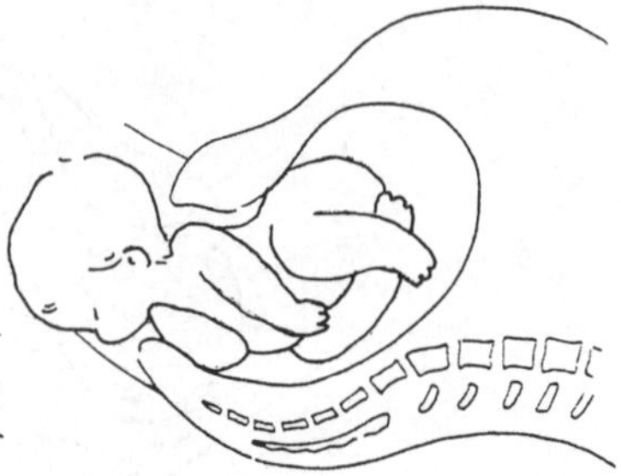

← 胎兒頭部緩緩伸出體外。

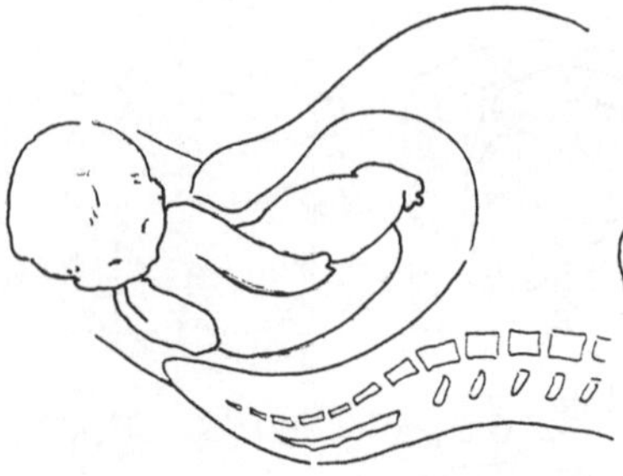

← 橫向旋轉，肩部緩緩露出。

深呼吸並重複著短促的呼吸。

●在子宮開口期的階段，當子宮口打開一半時孕婦會感覺到腰部疼痛，這時孕婦不妨採用壓迫方法推壓腰骨的內側以緩和疼痛。

●所謂「壓迫方法」是：將兩手抓住腰骨部位，一邊吐氣一邊用大拇指使勁擠壓，吸氣時則放鬆大拇指的力量。當大拇指用力的擠壓腰骨時，其他四支手指最好也同時用力壓迫腰骨，如此一來就可以減輕腰痛了。

如果看見胎兒頭部的話

停止使勁力量，變換短促呼吸。

第Ⅲ期

胎兒出生之後，子宮內殘留的胎盤也完全流出體外的後產期階段。肚臍帶兒切除之後到胎盤流出體外為止所費時約十五～二十分鐘。

《第Ⅲ期的狀態：》

●剛出生的胎兒鼻子、口中充滿了粘膜、羊水、血等，這時胎兒的肺部吸滿了外界的空氣，接下來想辦法使胎兒發出聲音，其次是切離臍帶。

●生完寶寶後的子宮突然收縮，變小變硬；大約是過了十五～二十分鐘，更早的話約五～十分鐘胎盤才流出體外，這個階段即是所謂「後產期」。到了後產期時，孕婦要遵從醫師的指示輕輕地使勁用力，當胎盤剝落的時候，多少會有流血的情形發生，但是在最近發明了注射子宮收縮劑，出血量不如往常那麼多了。

●胎兒的誕生、切離肚臍帶兒、胎盤剝離流出體外，並止住因胎盤剝離所引起的出血，上述情況已經結束的話，則表示初次的分娩過程已經終了。

〈胎兒的樣子〉

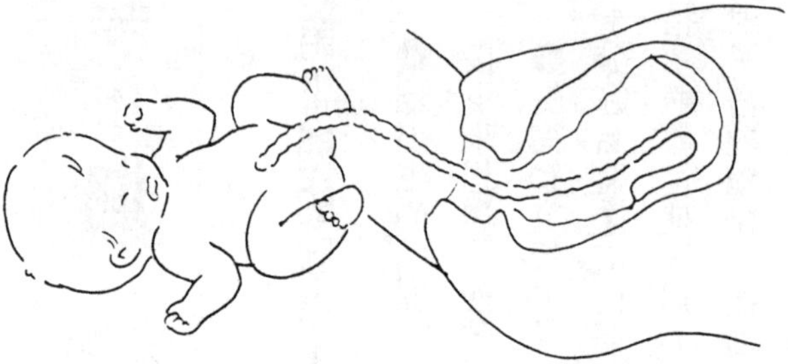

胎兒的誕生。胎兒吸滿了外界的空氣，發出了出世的第一聲。

〈母體〉

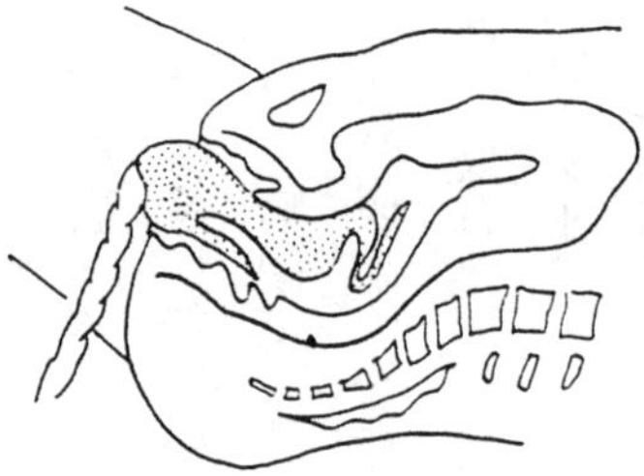

分娩後十～二十分鐘，子宮急速收縮，胎盤自子宮剝離，這時會有輕微的陣痛。

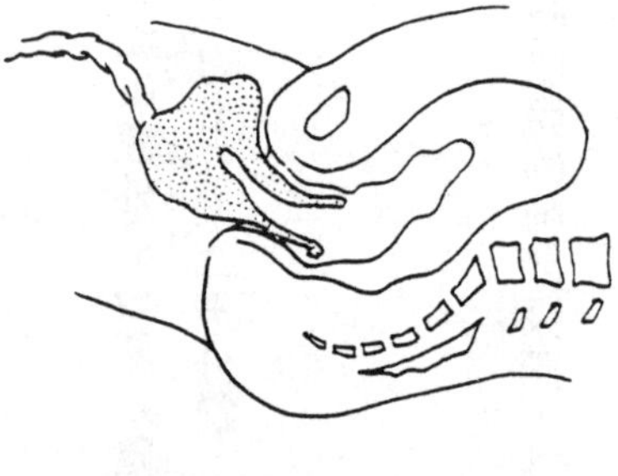

輕輕使勁用力胎盤就會排出體外，這一階段稱為後產期，這時多少都會出血。

剛出生的嬰兒

切離肚臍帶兒就如文字一樣，嬰兒個體獨立。健健康康地終於和媽媽面對面。

1 替初生嬰兒洗澡

肚臍帶兒切離之後的初生嬰兒，要仔細檢查初生嬰兒的身體是否有異常情況發生。在此之後，通常醫院會在初生兒的手腳繫上寫有母親名字的名牌。目的是避免發生初生兒弄錯的情形。接下來則是使用熱水替初生嬰兒洗澡。

剛出生的初生兒，由於受到母親的血液、羊水、胎便等弄髒，所以要好好清洗乾淨。

2 測量初生兒體重等

洗淨初生嬰兒的身體之後，接下來則是測量體重、身高、頭顱的大小、胸圍的大小等，並記錄下來。初生嬰兒其體重的平均值是：男孩約三二〇〇～三三〇〇公克，女孩則約三一〇〇～三二〇〇公克左右。在初生兒的身高方面不管是男或女，大約是五〇公分前後。如果初生嬰兒的體重不滿二五〇〇公克，則是低體重初生兒，這時則必須將初生兒置於保育器。由於現在對於未熟兒醫療非常進步，所以即使生育了未熟兒也無須擔心。

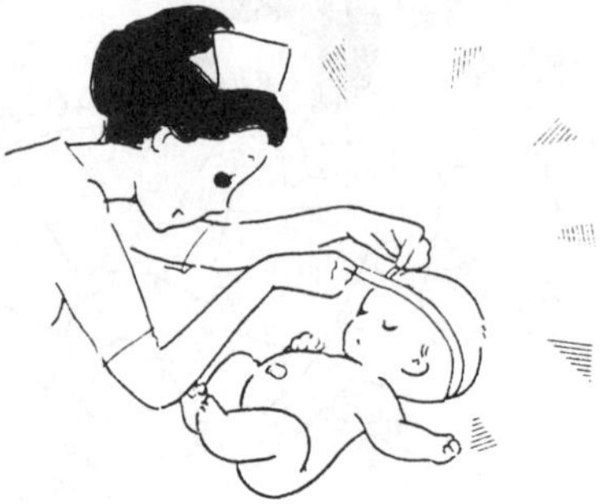

3 母子面對面

終於母子能夠面對面了，自長久辛苦難受的生活中解放開來，對母親而言在分娩台上終於鬆了一口氣，這才是最令人興奮的。由護士所抱的包裹著嬰兒衣服的初生嬰兒，到底是像爸爸呢？還是媽媽呢？

收集情報、理解分娩時所採行的方式

醫院、產科醫院的選擇方法

什麽樣的醫院就實施什麽樣的分娩方法

順利平安的分娩是任何人都期待的，但是，你曾想過要採用何種方式分娩呢？每個人似乎各有各自的期望。生育的方法有各式各樣，例如：孕婦採自然分娩的方法，感受生產的陣痛；或使用藥物進行無痛的分娩；或是丈夫陪在身旁生產等，所以，在決定何地生產之前不妨先決定自己要採用什麽方式，然後再依自己的意願、地點再來選擇是相當重要的。

●由於醫院的不同，分娩的方式也會有所差異。現在很流行孕婦實施麻醉注射而自然分娩的情形，此外孕婦還須注意並非是每家醫院都能夠實施拉姆茲、痛分娩法的，還有也並非每家醫院都有計劃分娩的措施，總之，選擇自己易理解、安心的分娩法及設備齊全醫院才是最重要的。

●如果母親有強烈想哺育胎兒的意志時，母親應該選擇積極進行母乳撫育指導的醫院。如果在母體方面母乳的哺育情況並不十分艮好時，別輕易的轉用牛奶來替代，醫院方面是否能給予母親種種關照才是重點所在。

●母子同室或分開，也是核對醫院重點所在。如果初生嬰兒是分開放置於育嬰室的話，對母親而言則比較容易疲勞，但是，另一方面來看母親對初生兒在授乳和換尿片等，母親己經習慣了對初生嬰兒的照顧方法，就此點來看母子同室是一大優點。

發生異常情況時醫院等能否靈活的擬定對策

●懷孕階段時就由醫生擔任診斷，當然分娩時也期待同一位醫生來負責。通常我們都不知何時孕婦會分娩，因此在大醫院的體制下，每位孕婦都要求一位專屬主治醫師的話，那就不太合理了。此外護士、助產士等人員要像醫師一樣專屬也是不太可能的。如果孕婦想要求同樣的專業醫護人員，不妨考慮私人的醫院或婦產科。

●是否能夠定期的實施產前健康檢查和個別醫療指導等，對於選擇醫院也是一項重要的條件。雖然定期產前檢查的內容在任何一家醫院、婦產科都是一樣的，但是稍令人耽心的懷孕或預想分娩的情況等，醫院能給予充分的個別指導才是重要因素。

●醫院、婦產科的遠近也是孕婦選擇的條件之一。

●綜合醫院或婦產科專門醫院的分立亦是問題之一，例如：孕婦患有妊娠中毒症，或者有其他的併發症，選擇綜合醫院來治療或許會比較理想。但是，婦產科專門醫院充滿家庭的氣氛，心情也比較容易放鬆，雖然如此但萬一有緊急狀況出現時，不妨先審核一下醫院會採取何種對應對策。

該如何實施產後的生活呢？

●孕婦是居住在醫院的單獨套房好呢?還是與其他的孕婦期共同居住一室呢?這完全是依醫院的情況來定的，雖是如此，孕婦不妨先以自己的希望為主來選擇醫院。就四人房而言，房間裏的人或許是年長的孕婦、好朋友、或者有信心的人，通常產後的心理狀態會變得不安定，回復情形也會受影響，如果醫院只有單獨套房，那似乎是不太理想。

●如果是返鄉待產的情形，即使不想麻煩娘家的人，但孕婦自己本身一定得清楚自己的身體狀況，儘可能在懷孕中期，身體情況穩定的時期先返鄉待產比較理想。此外，返鄉後如果已決定了分娩時的主治醫師，孕婦不妨先將自己本身的狀況簡單向醫師說明，如果一來會比較安心一些。

●在選擇醫院、婦產科時，自己的希望是否能清楚地傳達給醫護人員才是重點所在。此外，醫生、護士、助產士等能擔任分娩時的醫護人員，獲取詳細的資訊等都是孕婦選擇醫院、婦產科等重要條件。

由丈夫、妻子兩人共同完成的分娩

拉姆茲法

以獨自的力量克服分娩時不安感的無痛分娩法

所謂「拉姆茲法」：稱為精神預防性和痛分娩法，也是精神性無痛分娩法之一。這種方法是不使用麻醉劑，孕婦張開眼光克服分娩的疼痛，以自己獨自的力量生育胎兒，當初生嬰兒的聲音清清楚楚地傳入自己的耳朵時，胎兒誕生的剎那的確是生產的主要目的。

在醫學驚人的進步，日新月異的同時，麻醉的技術也相當的進步。孕婦本身以自己的力量來自然分娩的想法是非常偉大的。孕婦初次生產的痛苦大約占了一半以上的不安感；而現行的拉姆

茲分娩的理論則是：只要去除精神上的不安感受，即使不注射麻醉藥劑，也能輕鬆地克服生產的心理障礙。這種理論是由蘇聯的生理學者巴布洛夫博士所組織的，像這種精神預防性和痛（緩和疼痛）分娩已普及於全世界。此外在法國方面則將理論加以修正，以拉姆茲博士不使用藥物的和痛分娩法為主，而設計一套拉姆茲法並普及於法國全國。在西元一九五〇年代女性解放運動盛行，主張以自己力量分娩則以美國為中心迅速展開來。

分娩時丈夫到場的任務及責任是非常重大的

所謂「拉姆茲法」的原理是由四個支柱所組成的：

①事先好好研習生產的生理順序，並充分理解。

②事先有節奏性的練習當引起陣痛時緩和疼痛的動作、忍耐疼痛的方式、分娩時使勁用力的方法等。

③將最心愛的丈夫在分娩時陪伴在側，教導兩人陣痛的速度。

④要擁有以自己的力量完成自然分娩的覺悟。

在上述四點之中最大的支柱是分娩時丈夫陪伴在側。在拉姆茲法中分娩並不是妻子一人的事，而是夫妻兩人共同完成的大事，所以分娩時丈夫的到場陪伴妻子其任務及責任都是相當重大的。所以不管是生產準備教室、分娩學校、拉姆茲法教室等等，妻子一定要偕同丈夫一起外出學習。此外，夫妻兩人都必須注意懷孕中胎兒和母體的變化，生活上的改變，生產的安排籌備以及進行狀態，或者是留心異常情況的發生等都是相當重要的。

現在詢問一下採用拉姆茲分娩法的人其感想，通常有很多人回答：生產是相當困難的，而我的使勁力量的練習不夠。答案中的我，指的是由女性成為母親時，感受其生產過程的主體性。生育的過程完全由你自己本身來決定來做選擇，例如：分娩時你自己想握住的是冰冷的床欄杆，或者是丈夫溫暖的手；想閉著眼睛如睡覺一般的生產，或者是張大眼睛眼睜睜的看著分娩呢？如果孕婦期望分娩時丈夫能在場的話，從得知懷孕開始就得充分準備並開始學習。

然而採用拉姆茲分娩法的婦產科醫院，或者分娩的時候同意丈夫在場的醫院並不多，總之，孕婦期望理解分娩時的採行方式，不妨在事前仔細調查那家醫院比較適合孕婦本身的要求是非常重要的。

拉姆茲法的三個支柱：放鬆法、體操、呼吸法

拉姆茲法在分娩的時刻有非常重要的三大課程。為了緩和並減輕分娩時所帶來的陣痛，放鬆法、體操、呼吸法等三種方法在生產前一定要事先反覆的練習，並有背誦的必要性。

●放鬆法

開始進行分娩時由於子宮的收縮，而開始引起陣痛，而且是周期性循環發生，為了配合子宮的收縮避免孕婦的身心疲憊過度，不妨採用放鬆法。

當陣痛一波一波襲來的時候，讓身體放鬆，當陣痛再度引起時就會減輕許多的疼痛。相反的對子宮的收縮已經有了心理準備，身體並未放輕鬆而硬梆梆的，如此一來疼痛會更加劇烈、血液循環變得不流暢，導致產後會有肌肉酸痛的情況產生。

在拉姆茲法中所練習的放鬆法是：以臉部、胳膊、腳部、肩膀、四肢、腹部、骨盤等為

放鬆的對象。在臉部方面自己攬鏡自照，眉毛向上吊、收攏嘴巴，然後緩慢放鬆，手足或全身的放鬆法則須由旁人來協助，這時不妨和丈夫兩人好好練習放鬆法。只要對手足放鬆法有自信，那全身、腹部、骨盤等就沒什麼大礙了，而這一方面的課程在夜晚臨睡前每天練習，其效果更為顯注。

如果熟練了放鬆法，那孕婦就能自在的控制緊張、和緩的情緒，所以學習拉姆茲法是挺重要的一門學問，它不僅能夠減輕並緩和疼痛，而且能讓子宮口順利地打開，並使分娩能在短時間內完成。

●體　操

拉姆茲法實地練習操作的開端就是體操。在懷孕階段每日操作練習，其目的如下列：

①由於體操的姿勢正確，可以去除孕婦在懷孕的末期階段容易引起的腰痛，以及各種不舒服的症狀。

②在分娩前可以事先每日鍛鍊肌肉、關節。

③避免懷孕時的疲憊，使身體的動作、姿勢流暢。

拉姆茲體操法是能夠在每天生活中實行的運動。

為了防止腰痛、預防小腿抽筋、頭暈目眩、肩膀酸痛等，除了體操之外，還可以鍛鍊腳部及腳踝，並柔軟骨盤等。這些體操在日常生活中不管是坐著、站著、橫躺著、或提物品時、或是休息的時候都可以做。此外，孕婦要從事這課程的時期大約是肚子大的差不多是安定階段的六~七個月左右最為理想。

●呼吸法

根據拉姆茲法分娩的練習中，其中最重要的就是呼吸法。在拉姆茲法的三大支柱中體操是每日必備的運動，在開始分娩的過程中是無法做體操的，放鬆法也是一樣，懷孕時每天的例行練習。但呼吸法則是直接應用於分娩過程的。

呼吸法可區分為：胸部的前後左右擴大收縮的「胸式呼吸」，以及由於橫隔膜上下運動的緣故，腹壁膨脹縮小的「腹式呼吸」兩種。孕婦通常都採取胸式呼吸，一到了懷孕的末期階段，大都比懷孕的前期階段五十％以上採取胸式呼吸。拉姆茲法的胸式呼吸是配合孕婦的自然呼吸。在此順便提一下自然分娩法的「腹式呼吸」。

懷孕中如果孕婦的呼吸順暢，那氧氣的供給就會充足，胎兒的氧氣攝取就順暢；這對胎兒的發育成長是非常重要的。還有，在分娩的時候集中所有的精神於呼吸上，可以使孕婦分

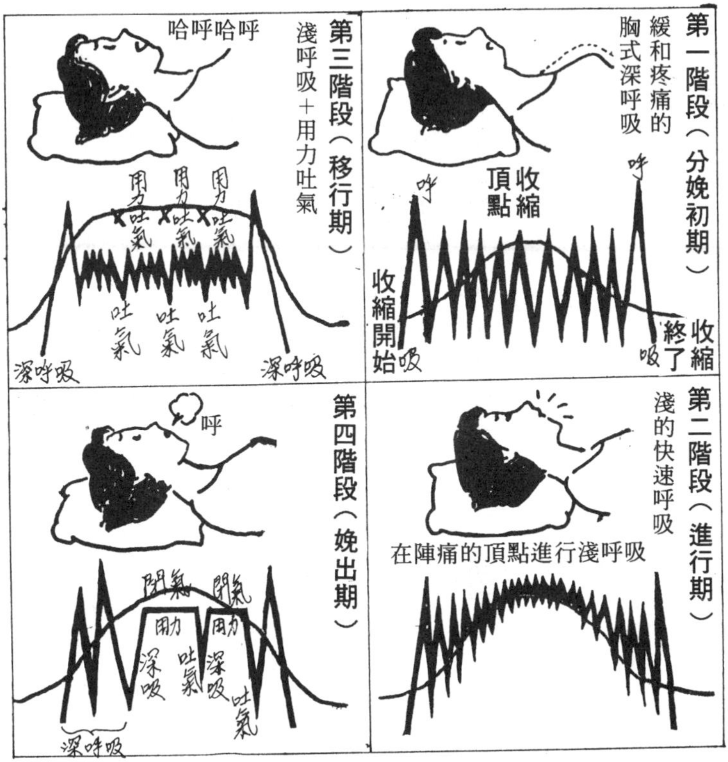
第一階段（分娩初期）
緩和疼痛的胸式深呼吸
收縮頂點
呼
呼
收縮開始
吸
收縮終了
吸
第三階段（移行期）
淺呼吸＋用力吐氣
哈呼哈呼
用力吐氣
用力吐氣
用力吐氣
吐氣
吐氣
吐氣
深呼吸
深呼吸
第二階段（進行期）
淺的快速呼吸
在陣痛的頂點進行淺呼吸
第四階段（娩出期）
呼
閉氣
閉氣
用力
用力
深吸
吐氣
深吸
吐氣
深呼吸

散了對子宮收縮所造成陣痛的作用。

因此，拉姆茲法所施行的呼吸法課程就是，使孕婦在忍耐分娩時的重大工程，還能將大量的氧氣輸送給體內的胎兒，而且可以錯開孕婦對陣痛的注意，緩和並減輕疼痛，所以呼吸法是相當重要的。

改變呼吸以配合生產過程的進行

拉姆茲法的呼吸為了配合生產過程的進行而區分為以下四個階段：

●第一階段：準備時期。子宮的收縮頻率越來越快的時候，首先自鼻

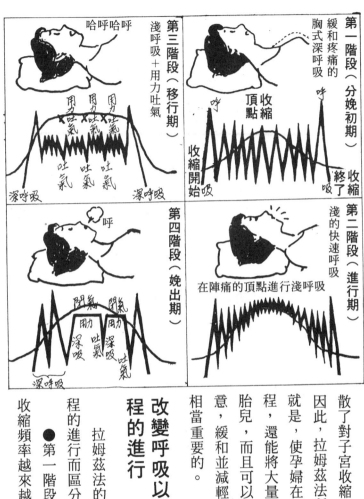

子吸進大量的空氣；然後緩緩吐氣。接下來則繼續以下的各個階段，當子宮收縮加快，孕婦切記要使用胸式呼吸，下一個陣痛再度發作時，自鼻子利用三秒吸氣數到三後再利用三秒吐氣，一直重複著三秒吸氣三秒吐氣的呼吸法。當陣痛的頻率逐漸緩和時，則以一次深呼吸作為結束。

●第二階段：一到第二階段陣痛的情形就很明顯了，而且陣痛的間隔時間也變短了。這時如果實施一次胸式深呼吸，在此之後嘴巴和鼻子要同時利用兩秒吸氣、兩秒吐氣。配合陣痛發作的頻率加速呼吸的拍子，當陣痛頻率緩和時，以一次深呼吸作為結束。

●第三階段：陣痛發作的最高潮。當孕婦作完深呼吸後，一邊重複著短促的呼吸；一邊間隔實行深呼吸。

●第四階段：終於是娩出時期了。孕婦混合使用呼吸法以及自然的使勁力量，也是床旁丈夫的引導最重要的階段。

剖腹生產、鉗子分娩、吸盤分娩

何時才必須接受困難的援助分娩呢？

大部分孕婦生產時都是順利的進行，平安無事的分娩，但是，有時候也有可能會發生問題。例如：從懷孕中去預測是胎位不正或是雙胞胎，或者懷孕中出現的異常症狀而得知妊娠中毒症或前置胎盤，甚至於要開始分娩時異常的破水或是早產等，上述情形都可以稱為困難的分娩，在這種情況下要孕婦們自然分娩是不可能的，所以只好由醫生來判斷到底是要採用剖腹生產？還是鉗子分娩或者是吸盤分娩？

剖腹生產

當胎兒無法通過子宮口、陰道、外陰部等產道而自然分娩時，取而代之的只好切開腹壁和子宮壁將胎兒取出的手術，即「剖腹生產」。中國古時醫術非常的發達，就已經有剖腹生產的實例了，現在台灣似乎很流行剖腹生產。但是「剖腹生產」是中止一般經由陰道分娩的過程。當分娩的過程中胎兒無法立即取出時，對母體及胎兒所採取的緊急避難的手術。

●何時該採取手術呢？

決心實施剖腹生產時，醫生也是顧慮重重的。但如果是下列所述的異常情況時，就不得不下決心採用剖腹生產的手術了。

①所謂前置胎盤：胎盤佔用了子宮的入口處，使得胎兒無法通過，而且引起大量出血時就非得動手術了。

②胎盤早期剝離：胎兒還在子宮內，但胎盤提早剝離，造成胎死腹中的危險情況。

③骨盤太小：胎兒的頭部比骨盤要來得大，使胎兒無法順利通過骨盤時。

④子宮腫瘤或卵巢囊腫：如果發現了子宮腫瘤或卵

剖腹生產

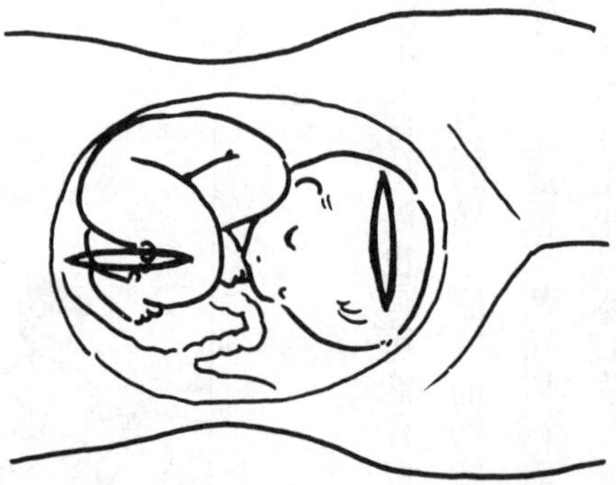

子宮部分的縱切開手術和子宮頸部的橫切開手術

產道被堵塞，導致胎兒無法通過。

⑤逆產兒（胎位不正）或多胞胎時，分娩的時間就會拖長，這對胎兒是非常不利的。

⑥其他原因：如果孕婦患有妊娠中毒症、併發症、血液不吻合等狀況時，很容易引發胎盤的機能不全症，因此要比預產期要早將胎兒取出等情況。

鉗子分娩

分娩的時間拖長、母體過度勞累無法使勁力量，或者孕婦注射了麻醉劑沒有了意識，使勁力量也變弱了，或心臟病等併發症、妊娠中毒症等，無法用力將胎兒推壓出體外等狀況，這時就必須使用外在的援助將胎兒拉出，不然會致胎兒於危險的狀態中。像上述的情形可以使用鉗子將胎兒拉出，這就是「鉗子分娩」。

鉗子分娩就是利用鉗子拉著胎兒的頭部，因此有些人就擔心會弄傷胎兒，或者胎兒的頭形會弄壞等，但是事實上利用鉗子分娩是不會殘留任何弊害的。長時間內無法順利的將胎兒生出，會使胎內的氧氣不足，當胎兒出生之後更容易造成直接的影響。由於使用鉗子會稍微弄傷產道引起流血，但是孕婦無須擔心這是不會有任何副作用的。

吸盤分娩

鉗子分娩是從十八世紀開始實施的，相對地，吸盤分娩是最近才流行的。吸盤分娩和鉗子分娩是一樣的，有各種不同的原因造成胎兒無法通過產道自然分娩。這時吸盤分娩則是使用金屬製的吸器吸住胎兒的頭部，接著拉出體外。

雖然鉗子和胎頭的接觸面較少，對胎兒所造成的影響較少，但是卻無法有力及時的將胎兒拉出。然而因為吸器和胎頭的接觸面較大，接觸的地方會形成一個包，但數日之後包會自然消失不留痕跡，對往後也不會殘留任何不良的影響，所以無需擔心。至於是使用鉗子好？還是吸盤好？這完全以胎兒的情況來決定。

鉗子分娩

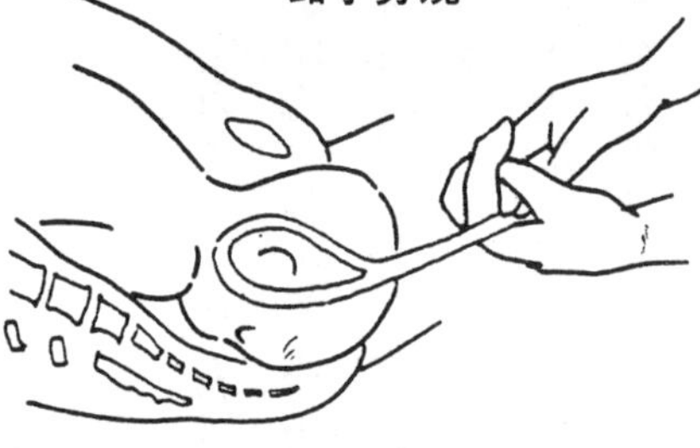

吸盤分娩

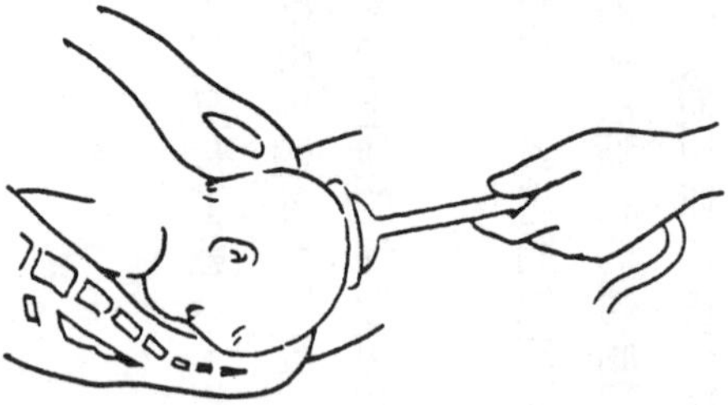

因為注射麻醉劑而減輕疼痛的分娩法

無痛分娩法

全身麻醉

所謂分娩時的疼痛，指的是子宮口打開時的疼痛，以及胎兒頭部通過產道時所造成的疼痛，還有由於子宮的收縮而引起的陣痛等三種。

就減輕疼痛而言有注射麻醉劑，以及給予精神上的暗示而緩和疼痛等兩種方法。就效果而言使用麻醉劑確實能達到減輕痛苦的實效。所謂「全身麻醉」指的是：在分娩時的第Ｉ期服用安定劑、鎮痛劑或催眠劑，進入第Ⅱ期時則注射靜脈麻醉，或著讓孕婦吸入某種麻醉氣體等方法。不管是上述那種方法，借著麻醉劑的作用而使全身麻痺，如此一來就能減輕分娩時的疼痛。雖然麻醉方法可使疼痛程度降低，但是對分娩時所必備的使勁力量卻變弱，因此使用鉗子分娩或吸盤分娩的比率就增高了。

局部麻醉

服用麻醉藥或注射麻醉劑雖然可以減輕分娩的疼痛，但是對腹中胎兒所造成的危險卻是令人耽心的，所以對藥物的使用量一定要降到最低限度。局部麻醉減輕痛苦的功效雖不及全身麻醉，但是局部麻醉的操作方法卻簡單多了。局部麻醉有兩種：一是減輕陣痛及腰痛的腰部硬膜外麻醉，另一種是減輕胎頭要通過產道時的外陰部神經麻醉。

其中最簡單的方法是外陰部神經麻醉，其注射的部位是外陰部和陰道的下半部分施行麻醉，像這種情況下雖然還會有陣痛的情形，但產道的疼痛卻減輕許多。

針灸麻醉

在中國所施行的針灸麻醉已成為無痛分娩法的話題了。其使用的方法是：以針刺的虛痛抵銷分娩時所引起的實痛。由於施行針灸麻醉孕婦的精神意識都十分的清晰，自然的使勁力量也不會變弱，並且不會對其他的生理機能造成影響，可以順利的進行無痛分娩法。

●所謂的無痛分娩法通常是採用麻醉的方法，但是藥物的使用必須考慮幾個問題，當孕婦想利用麻醉分娩時，必須選擇醫術高明的醫生，設備齊全的醫院，這是選擇的重點所在。

第五章　產後的生活

——安心調養才能心情愉快地養育嬰兒

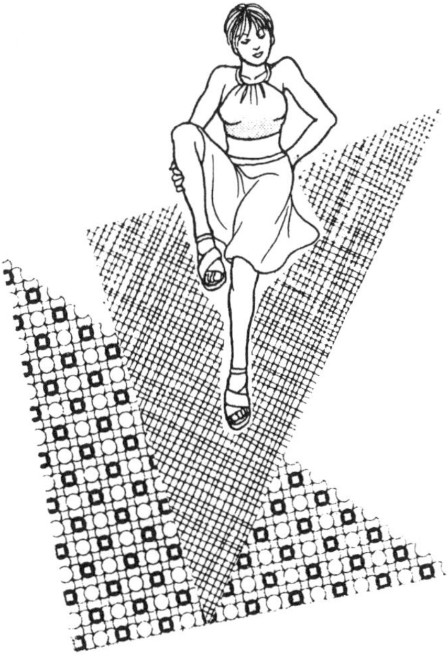

產後一個月身體的恢復狀況和生活記事

產後生活的行事曆

產後第一天　早點離床做簡單的運動對子宮收縮較好

生產的當天最重要的是有安靜的環境，隔天如果沒有異常，儘可能在產後八～十二小時中早點離床。首先靜靜的坐在床上，然後扶著床慢慢地站起來，試著走幾步看看。

睡在床上時也可運動腳踝，做產後的體操（二三八頁）。

但對於因生產疲勞、出血過多和剖腹生產的人，不宜太早離床。

慢慢地走到廁所試試看，並了解產後分泌物的情況是否正常。接受乳房按摩的指導並且開始餵乳。總之產後第一天是最快樂高興的日子。

產後第二天　首先注意小孩授乳是否順利

一邊對初生嬰兒說話一邊餵乳

已經可以開始沐浴了。

最近有許多人為了洗淋浴而住進醫院的情況很多。生產之後，新陳代謝旺盛，皮膚容易弄髒，所以要勤擦身體或洗淋浴保持清潔。

以不要讓自己疲勞的程度在室內散步，並且習慣產後身體的重量。授乳和吃飯最好坐在床上或床邊。產後的體操除了運動足踝之外，還可增加轉頭及吸氣、吐氣的腹部運動。

產後第三～四天　出院後對育兒的方法一定要仔細問清楚

出院後要接受醫生有關換尿布、授乳和入浴方式的指導，不要慌張。

會陰縫合大約第四～五天抽線。縫合部分疼痛，排便不順、容易引起便祕。產後不易排住院時就已經學會了換尿片的技巧了。

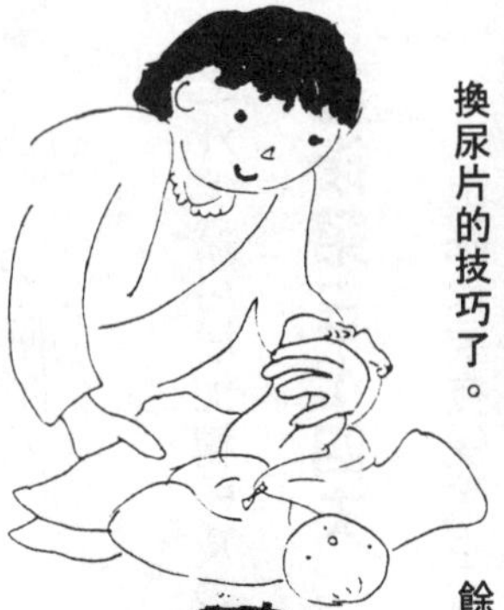

時常清潔乳房，把殘餘的乳汁擠壓乾淨。

已經能夠很稱職的摟抱初生嬰兒出院了。滿懷信心擔當母親的職務。

便的話，要灌腸或吃灌腸藥，接受醫生的藥物治療。

增加腹部和足部運動的產後體操，但要注意不要過於疲勞。

產後第五～六天　出院後成為人母

第四～五天準備接受出院的檢查。子宮收縮、惡露、陰道壁、會陰縫合的檢查，順利的話即可出院。

剖腹生產的人差不多可以拆線了。

要接受醫生的指導，對出院的生活、性生活、產後的調適等都要去適應。關於育兒方面，如何淋浴、換尿布和授乳等方面要儘可能習慣。

在醫院裡生產後首次被允許洗頭髮，出院前也可請護士幫忙洗頭髮。

第二週　起床和下床，丈夫的協助是很重要的

出院之後，身體的恢復順利沒有異常，就能照顧幼兒了。然而，育兒的責任和用心於家事時，由於惡露的增加，母乳的不順等情形，引起心情的悶悶不樂不適應。但不要太擔心，只要放鬆心情，不久惡露和母乳的狀況都會改善。

因此，出院一個星期內，不要憂心於育兒和家事，一切都不要自己動手。產後第二週，通常被認為是產後感覺最疲勞時，所以家裡的成員和丈夫要儘可能幫忙料理家務。丈夫對買東西、洗尿布、飯後的收拾整理等都要主動去幫忙。

白天敷被褥，任何時間疲勞時，都可橫躺休息一下。

洗淋浴或到清潔的澡堂入浴也沒有關係。如果不能洗淋浴，那就每天擦身體保持清潔。入廁和入浴後一定要清潔惡露和消毒會陰部。可做骨盤底和陰道運動的體操。

出生的申報在產後十四天之內。取名之後到各地戶政事務所報戶口。

由於產後體力尚未恢復，所以對嬰兒的照顧和家事的處理不必太費心。若是母親無法前來幫助時，丈夫的協助是比什麼都重要。

已經可開始做家事了，例如：掃地、準備飲食方面。
已經可以自己洗頭了，但沐浴還是晚一點比較好。
可以替嬰兒沐浴及換尿片、尿布的清洗的工作。
不可缺乏的休養時間。

第三週　可開始做家事，要有充足的午睡

白天累時可敷被褥橫躺在旁邊休息。照顧嬰兒感到太疲倦時，尿布的換洗和沐浴等事情，不要太緊張，可由家庭的成員或丈夫協助幫忙。

用西洋式的浴槽沐浴，若是清潔的熱水也可，入浴後勿忘記清洗外陰部。

夜晚，為了要哺乳每每起身而引起睡眠不足的煩惱。儘可能在中午時間有二個小時的午睡。然而讀書或編物消費精力產生疲勞，還是優閒地休息恢復體力較好。

因此，朋友和熟人的來訪也要控制時

間。最好在床上等待他們的來訪。不只是媽媽會疲勞，也要注意到小孩是否會因為移動而引發感冒。

為了早日恢復子宮的收縮能力，產後的體操是每日不可停止要持續下去的。要做腳部、腹部、陰道和骨盤底肌肉的運動。

此時暫時不要外出。

第四週　起床到附近買東西及到醫院檢查

恢復順利時，無異常和不適的症狀，這週就可以下床了。然而，因夜晚授乳睡眠不足，每天要有一～二小時午睡。

嬰兒可完全由自己來照顧，也可以出門去買東西。然而快速地來回走及持重物都要注意避免。

如果沒有惡露的情形，到澡堂洗澡也沒關係，但要儘量早點去。但是，禁止洗澡的時間過長。剛洗澡完後，特別是大陰唇和小陰唇在伸展時容易被汚染，最好用淋浴來洗乾淨。此點和在家用澡盆的情形相同。入浴之後，有惡露情形發生時，最好用生理用衛生棉墊著。

利用美容院洗髮。產後受不了頭髮髒時，可儘早去美容院，但是剪髮要等到二個月後。

小嬰兒可開始出生一個月的檢查，母親也要做出院一個月的診療。開始體重、血壓和尿的檢驗。子宮和陰道的恢復狀態，會陰縫合的程度和惡露情形的調查，更進一步要檢驗孕婦中毒症的後遺症和貧血的症狀。

已經可以做家事和沐浴了。和嬰兒一起到醫院做產後一個月的檢查，並檢查母體的復原狀況。

早日恢復產後體力健康的產後體操

為了消除懷孕、生產的疲勞、緊縮鬆弛的腹壁，可以做早日恢復子宮全體的產後體操。一天大約做二～三次，必須持續做體操不可中斷。

第一天

（產後的第一天）

把兩手放在胸前，慢慢地吸氣吐氣。

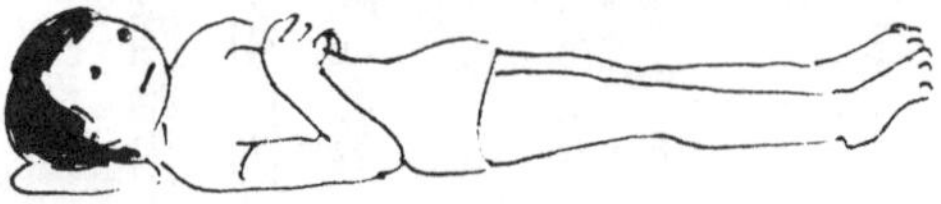

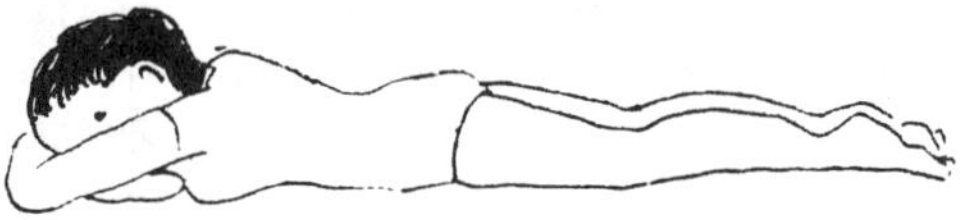

趴著的姿勢對子宮的恢復也很有效。

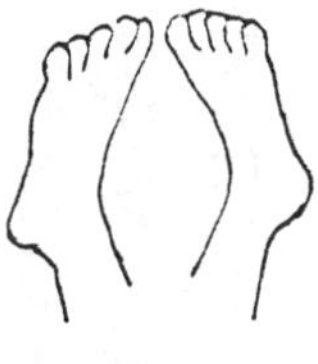

把腳張開朝大腿的內側伸屈腳趾。

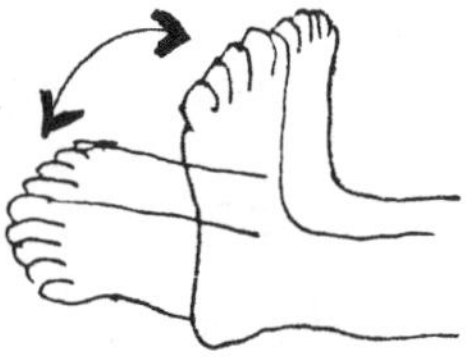

腳後跟靠著床，兩腳腳尖一起屈伸。

第二天

（追加部分的體操）

雙手舉起放下。兩手橫放著，接著朝身體的正中央合掌，並且速度逐漸加快。

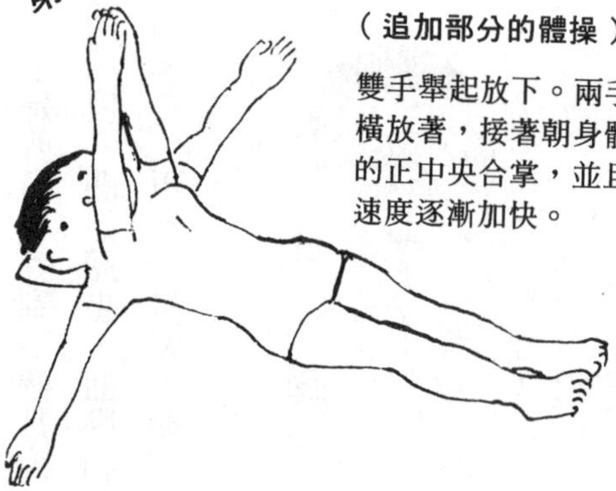

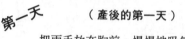

第三～四天

（追加部分的體操）

使用頭部和腹部的力量將頭部抬高。

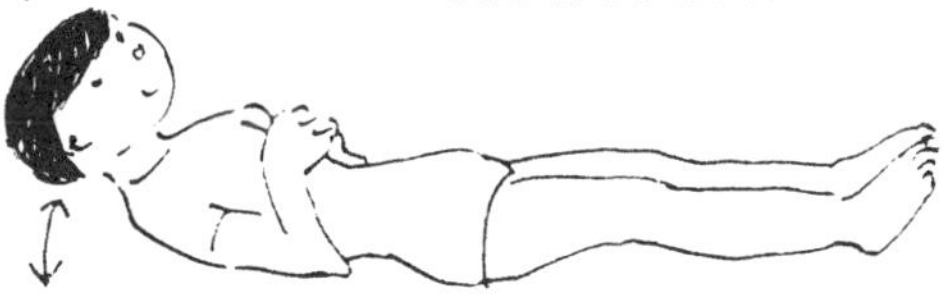

請另一個人按住足踝做仰臥起坐。

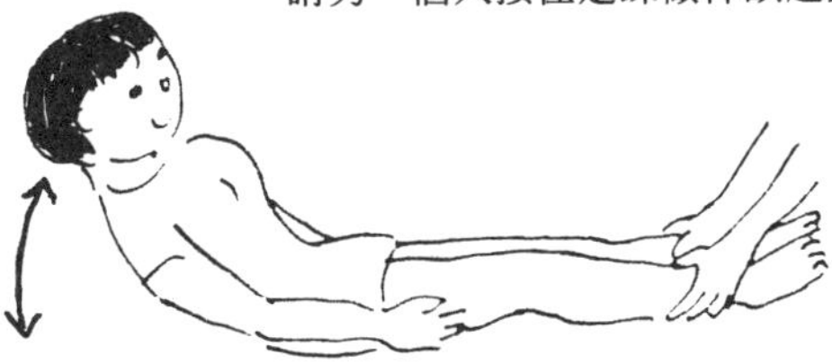

第五～六天

（追加部分的體操）

向上仰躺著，單腿輪流抬高，然後再雙腳抬高。

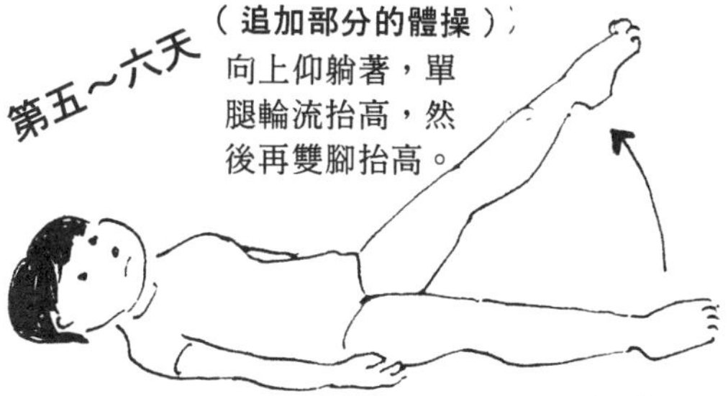

兩手插腰使骨盤成四五度角的傾斜，持續一～二秒後再回原位。左右各做五次。

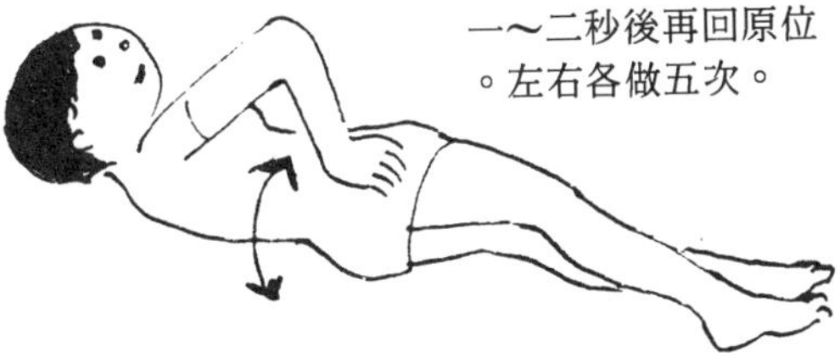

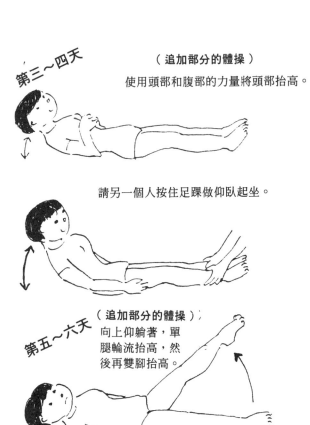

用母乳哺乳　對嬰兒而言，母乳是最好的禮物

所謂哺乳動物，是用各自的母乳來養育自己的孩子。我們人類在母親的肚子裡時，就具備吸自己手指的能力，出生後不久就能抱住母親的胸部吸吮母乳。用母乳來哺育小孩，是非常自然且合理的事。而且母乳對嬰兒而言是這世界上營養最高的食物。我們對母乳的營養要重新認識。

母乳分泌的構圖

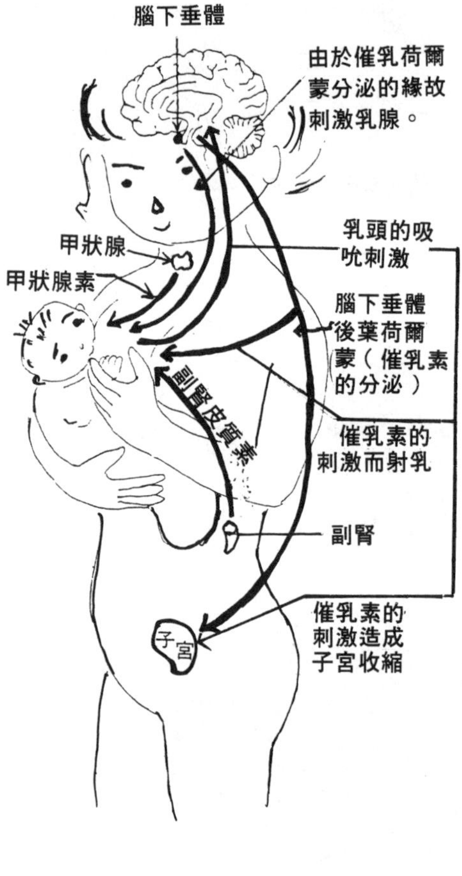

腦下垂體
由於催乳荷爾蒙分泌的緣故刺激乳腺。
甲狀腺
甲狀腺素
乳頭的吸吮刺激
腦下垂體後葉荷爾蒙（催乳素的分泌）
副腎皮質素
催乳素的刺激而射乳
副腎
催乳素的刺激造成子宮收縮
子宮

母乳對嬰兒和小孩都是很重要的

母乳有何優點呢？

對嬰兒而言最好的天然食物就是母乳。然而，母乳對母親來說也有很重要的效用。

・因為母乳含有許多免疫物質，所以用母乳哺育的嬰兒不容易生病。萬一生病也是很輕微的小病。

・常保新鮮無菌、濃度和溫度對小嬰兒最適合的是母乳。不用像人工的牛奶要注意殺菌和消毒，並可以省略調乳的時間。

特別是嬰兒夜間的哺乳，用母乳較簡便母親也省事。

・母乳包含著使嬰兒營養平衡的養分。特別是發育時較欠缺的蛋白質，並且用母乳對嬰兒較容易消化，對新生兒期的嬰兒不易引起過敏，可安心飲用。用母乳哺育的嬰兒比用人工奶粉哺育的嬰兒健壯，那是因為取得營養平衡的緣故。

・產後四～五月的初乳，必定是小嬰兒不想喝的母乳。因為蛋白質和礦物質太多，並且包含了許多免疫物質。

• 因為嬰兒吸奶頭的刺激，從下垂體分泌所謂催乳素的荷爾蒙，對產後子宮的收縮和母體的恢復有利。

而因為哺乳乳汁的分泌消費掉卡路里，可預防產後母親的肥胖消除贅肉。

• 嬰兒和母親因乳房的接觸產生感情，對往後嬰兒的身心有重大影響。

• 對母親而言，由於嬰兒無心地吸吮乳房的姿勢，可促使成為人母的喜悅。

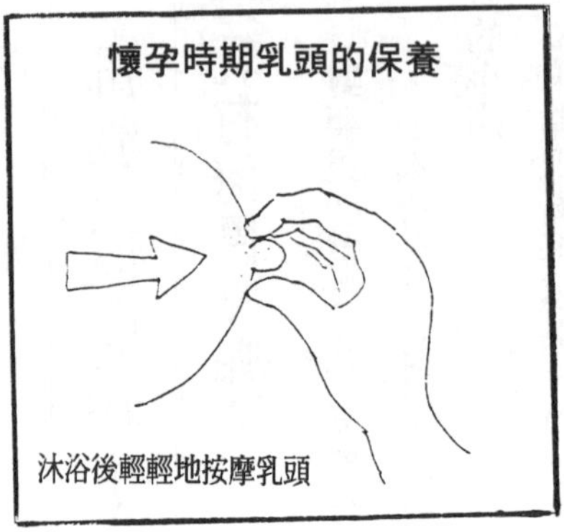
懷孕時期乳頭的保養
沐浴後輕輕地按摩乳頭

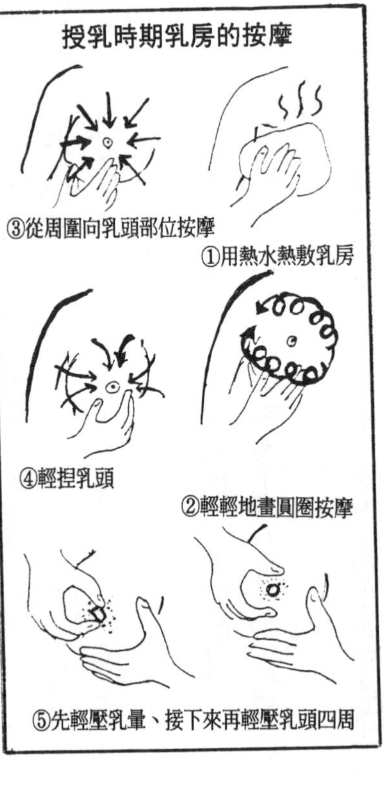
授乳時期乳房的按摩
①用熱水熱敷乳房
②輕輕地畫圓圈按摩
③從周圍向乳頭部位按摩
④輕捏乳頭
⑤先輕壓乳暈、接下來再輕壓乳頭四周

產生母乳的過程

分娩後，為何會產生母乳呢？母乳的分泌從思春期就開始做準備。思春期時乳腺發達胸部發育。此時，一直沈寂無作用的卵巢開始活動，分泌雌激素（卵胞荷爾蒙）和激卵素（黃體荷爾蒙）。這二個荷爾蒙在乳腺中的乳管和乳胞中起作用發育乳腺。因此乳房膨脹，開始發育。

不久從結婚到懷孕，在十個月的懷孕期間，這二個荷爾蒙比懷孕前增加數十位，從胎盤中分泌，因此，乳腺急速肥大，在分娩前做授乳的準備。

一方面，這兩個荷爾蒙在懷孕快結束時，開始在腦的下垂體的前葉開始工作抑止乳汁的分泌。不久，懷孕結束胎盤出來時，抑止乳汁的作用喪失，此時同樣地在下垂體的前葉，產生所謂激乳素催乳的荷爾蒙，促使乳汁的分泌。更進一步，生產之後甲狀腺荷爾蒙和副腎皮質荷爾蒙等的分泌加速，更幫助了乳汁的分泌。

產後八～十二小時乳房的血液循環加快，慢慢地乳房膨脹。準備母乳的分泌，以等待嬰兒的吸吮。

嬰兒吸吮時，這種刺激反射傳達到腦。激乳素的荷爾蒙催乳素和射乳素被分泌，從乳腺充分地產生母乳。

母乳順利地被分泌時

母乳順利分泌時，嬰兒也較容易吸吮。為什麼吸吮乳房刺激母乳的分泌是必要的，在此說明一下。

照圖所示當嬰兒喝完奶後（母乳或牛乳），抱起嬰兒輕拍背部使嬰兒打嗝。

乳房是非常敏感的地方，但大家可能不知道有許多知覺神經集中在此。吸吮乳房的刺激通過脊髓中傳達到神經再到達腦促使分泌荷爾蒙。

被稱為催乳素的荷爾蒙包圍乳腺周圍的乳胞和子宮，使平滑肌收縮開始運作。

因此接受嬰兒吸吮刺激時，乳房周圍的肌肉（平滑肌）收縮，結果，就能分泌乳胞中的乳汁。

然而，不光只有母乳出來被嬰兒吸收，也有因為被嬰兒吸用手撐著乳房使嬰兒含著乳頭吸吮母乳。

吮才會出來的情況。生出後一週到十天之內，乳房沒有發脹的感覺的人也有，但憑著耐心、毅力讓嬰兒吸吮，次數一多，如此一來母乳就能順利出來了。

•如果乳腺殘留乳汁，乳汁分泌的機能遲鈍，等到下次授乳時便不能順利授乳。若授乳完後仍殘留乳汁時，可用手擠，或用吸乳器把殘留的乳汁吸出來。

•不安、情緒不穩時也影響到授孔。母乳的分泌和荷爾蒙有關，所以心情會影響到授乳。

母乳無論如何也無法出來時

生產完後經過一~二日乳房仍未發脹，即使嬰兒吸吮也未見效的人也有。此時可用按摩乳房促使乳汁的分泌的方法試看看。

乳房的血液循環順暢的話，也易於母乳的分泌。

•首先，溫燙整個乳房之後，用手把爽身粉或冷霜擦在乳房的周圍，在乳房的周圍用手

哺乳後乳房的保養

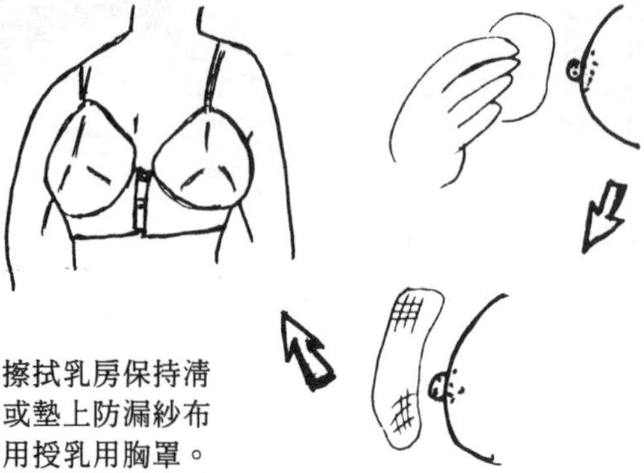

常常擦拭乳房保持清潔，或墊上防漏紗布、使用授乳用胸罩。

畫圈圈來按摩。其次，用單手支撐乳房，用另一隻手捏乳腺並朝乳頭的方向移動。更進一步，可用拇指捏乳頭擠出母乳。

用此要領，每日一回十～二十分鐘按摩乳房，飯後重複持續做看看。

・假使，再怎麼樣嚐試都無法使乳汁分泌時，請接受注射乳汁分泌的荷爾蒙劑。

而用這種方法仍無效的人也有，這時請保持心情愉快，用人工牛奶哺乳。

母乳停止時

產婦感冒或患乳腺炎時，便不能分泌母乳。

・感冒時，因身體發熱影響到體力的消耗，授乳一時停頓。如果感冒沒影響到授乳停頓的話，就沒有關係了。

但是咳嗽和打噴嚏時，在哺乳時要特別注意。戴口罩或是把臉背過去避免傳染給嬰兒。感冒吃藥時，母乳會暫時停止。藥效經由母乳出來對嬰兒也會產生影響。

• 乳房紅腫、疼痛，肌肉緊縮發熱時，即是乳腺炎的症狀。即使乳腺炎的症狀不嚴重，也應該停止授乳。

乳腺炎發生的原因，是乳頭稍微磨破，而細菌由此進入引起的；或是母乳積存在乳腺中產生的。產婦不僅要注意症狀，並且有乳腺炎時，儘可能不要吸吮乳頭是很重要的。授乳停止或是母乳無法出來時，一定要接受醫生的診療，做適當的處理。

產後一個月的嬰兒

●一個月檢診的檢查項目

全身的發育狀況

身　高、體　重

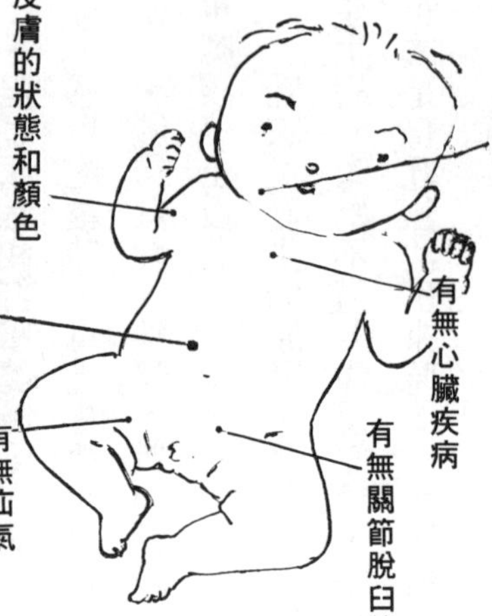
有無斜頸
有無心臟疾病
有無關節脫臼的情形
皮膚的狀態和顏色
肚臍帶兒的變化
有無疝氣

一個月中的檢查

出生後到一個月之內，是嬰兒發育最快的時候。從哇哇墜地剪斷臍帶後，就會有輕微的黃疸症狀，然後吸吮母乳，體重增加，順利的話就進入幼兒的生活。大約四週後出生一個月時，就必須做出院後的檢查。

通常，在分娩的醫院會調查產婦的復原狀況及嬰兒的情形。一個月內的檢查包括嬰兒的發育狀況、有無股關節脫臼、斜頸、疝氣、心臟疾病等是否有先天性的異常。

及早發現異常，就能儘早治療恢復健康。所

以，一個月的檢查是很重要的。

而且，產婦也能與醫生商討母乳不足、衣服的穿著方法及育兒的煩惱等的問題。

由母親來觀察嬰兒的疾病症狀

一、哭泣聲

嬰兒哭泣是健康的證明。即使過於啼哭也不用擔心。

但是，若像「著火」一樣哭泣，或許是嬰兒表示某部位疼痛的暗示。母親應該摸小嬰兒確定一下。然而，突然急速哭泣，又突然停止，此時就令人擔心了。這時母親要摸小嬰兒確定是否有讓嬰兒疼痛急速哭泣的地方，或是給醫生診治。首先，我們要了解嬰兒哭泣是否因為生病疼痛，做母親的應該分辨嬰兒的哭聲，聽仔細。

二、姿　勢

沐浴和換尿布時，嬰兒一日之內有好幾次必須裸露。這時觀察嬰兒的身體，如果異常的話要和小兒的醫生商量。

正常的嬰兒，手足彎曲，左右半身互相對稱。臉向右時，伸出右邊的手腳；臉向左時，伸出左邊的手腳。而且，手腳能活潑地活動。但是，經過二～三週後，手腳的肌肉僵硬、動作遲緩、臉只是朝向一面，或是摸嬰兒的頭時發現有疙瘩，腳的長度不一樣長時，要接受醫生診治，檢查是否為異常。

三、吐 奶

吐奶時，不用太擔心，但也不能完全不注意。

首先，若只是哺乳時吸吮過度，由口端流出母乳產生吐乳的情形時，就不用擔心。一方面，嬰兒異常的嘔吐，是從口、鼻突然的噴出母乳的情況。而吐的母乳中混雜著黃色的膽汁和血的顏色時，就該儘快到小兒科接受診治。

四、膚 色

要注意皮膚是否有黃疸的症狀。通常，正常的小孩在經過三～四天後，就會有黃疸的症狀。然而，這種生理的黃疸變得嚴重或時間太長的話就是異常了。

黃疸中最危險的，即是出生後就帶有的血溶性黃疸。它進行的速度很快，一日內身體完全變成黃色。並且一個月持續的黃疸，小便變白色，都是異常的黃疸，要立刻請醫生診治。

五、打　嗝

由於橫隔膜抽筋所引起的。嬰兒喝牛奶之後，常會打嗝，這是因為牛奶進入腸胃後，促使腸胃蠕動，這種運動刺激了橫隔膜。而且，吃飽後胃的形狀變大，刺激神經引起打嗝。而嬰兒在肚子裡打嗝，或是經常地打嗝，都是正常的生理現象，不要太擔心。

六、糞便的顏色和形狀

用母乳哺育的嬰兒糞便柔軟，而用沖泡牛奶餵食的嬰兒糞便較硬。又，排便的次數一日一次以上，且很多時候和授乳的次數相同，例如，一天喝八次牛奶，排便也八次的話，應該也是沒有什麼問題的。

令人擔心的是，糞便的顏色和形狀。像水一樣很快就出來，非常的臭，混雜著粘液和血液，特別是白色及咖啡色的糞便，便是異常了。

另外，綠色混著粒狀的糞便是人工牛奶餵乳常見的，不用擔心。而，糞便太少可能是因為牛奶不足；太硬不易排便時只要多加糖水即可。

七、眼　睛

出生後不久，小嬰兒一天內幾乎很少張開眼睛，大部分時間都在睡眠。因此，母親就會害怕是否有異常。

但是，沒有睡覺時，嬰兒就會隨著光線的變暗張開眼睛。

然而，白眼球的部分有血絲般的出血時，是生產時的出血，自然就會痊癒。

八、鼠蹊部、會陰部

換尿布時要注意觀察，此部位是最容易發生先天異常之處。

首先，如果鼠蹊部左右有一邊發生膨脹的情形時，就是疝氣的徵兆，一個月內到外科接受治療。

男孩子在陰囊中有兩個睪丸，幼年時隱藏在肚子裡。母親要注意這些部位，及會陰部、肛門的正確位置。

九、頭蓋骨

最令人害怕的是發生腦水腫。此症狀的特徵是嬰兒的頭比一般嬰兒的頭大，每天以一公分以上增長，此時要到腦外科接受治療。

而，所謂頭血腫是頭蓋骨腫起成柔軟肥胖貌。腫胞小的話，在一個月之內就會自然消失，而腫得太大時，一定要去接受治療。

如果是長在嬰兒的頭蓋前端時，要立刻醫治。

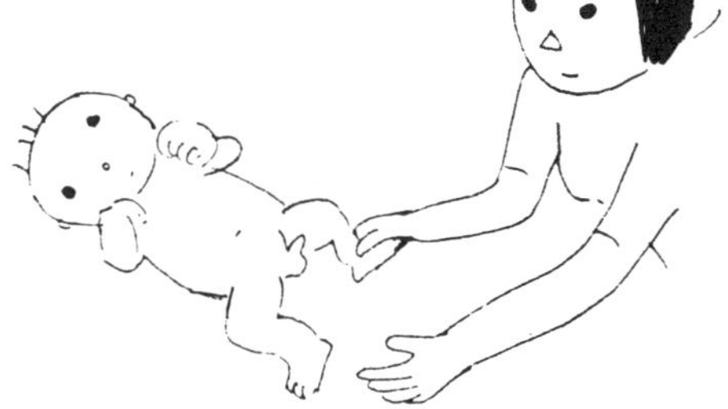

十、肚臍潮溼

肚臍潮溼叫做臍肉芽腫。當嬰兒的尿布上或是下半身的衣服上沾有黏液時，請仔細檢查肚臍部位，是否有粉紅色的小疙瘩，那是因為潮溼，引起出血產生的。

如果只是小的肉腫，用消毒紗布包紮治療即可。或者用硝酸銀塗一～二回治療。

如何渡過產後引發的不安和憂慮

產婦憂鬱症

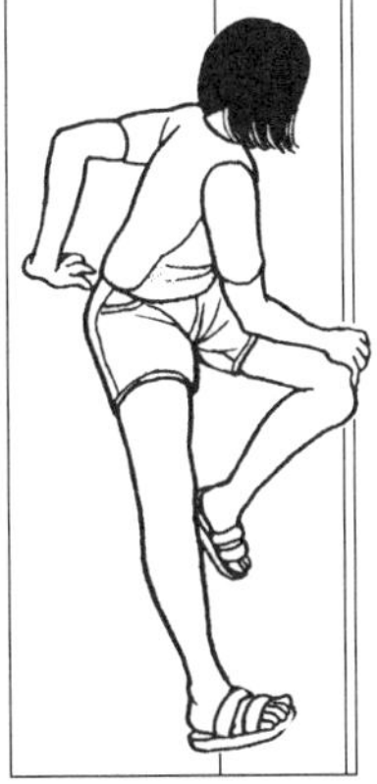

半數以上是因為經驗不足和情緒不穩

順利地分娩，在成為人母的喜悅時，也有許多意想不到的義務和負起的照顧責任。懷孕到生產完，孕婦受到丈夫及親友的呵護和照顧。但生產完回到家休養，如果順利復原，就容易遭到家族的冷落，使產婦有不能適應的心病。

並不是精神病，但大約產後十天左右，半數以上的產婦沒有原因的流淚，或者有不安被丈夫苛責的經驗。

如此莫名的憂慮和悲傷，稱為產婦憂鬱症候群，一般人稱它為產婦憂鬱症。產婦患這種憂鬱症候群並不稀罕，這是一般性過渡時期的自閉狀態。初產、難產、或是生產完後身體極虛弱的人，容易患得此症。

情緒極度不安，甚至不能照顧嬰兒的情形

E太太在娘家順利生產，但回到自己公寓的家後，反而不能好好地照顧小寶寶，甚至不能幫嬰兒洗澡及餵奶。

擔心小寶寶會不會因洗澡裸露身體而感冒，但把房間的窗戶關閉弄暖後，又害怕水溫太高寶寶無法入浴。寶寶變成汗水濕透，剛洗完澡被迫餵奶的樣子。

偶爾休息在家的E先生，看到這種情形覺得很奇怪。

E先生把娘家的母親請來，母親看到這種情形嚇一大跳，知道是患了產婦憂鬱症。

幸好產後一個月內由母親片刻不離左右的照顧，嬰兒及家事都不用E太太操心，使E太太能脫離憂鬱症慢慢康復起來。在這期間，E先生儘量早點下班照料小寶寶，並且帶E太太出去購物。產後經過二個月，E太太好不容易對照顧幼兒有了信心，恢復到平常的樣子。這是因為丈夫協助而渡過產婦憂慮症的例子。

因為不能入睡而引發更嚴重的症狀

「成為母親一定要為照料小寶寶而努力」的A太太，對丈夫哭訴地說。特別是半夜必須為了餵乳和嬰兒哭泣而起身，每次遇到這種情形時，只好抱起嬰兒哄他睡覺。A太太常常為此睡不著覺，哭泣到天明。

「為什麼連午覺時間也不能好好睡呢？」有這種想法的A先生，查覺到A太太一天比一天消瘦，表情慌張不安的樣子。A太太把育兒書亂扔到枕頭上，A先生感到異常但不干預地過了一週。某日，A先生回家時發覺家裡一片漆黑，嬰兒在哭泣。而A太太開著燈在別房間用棉被蓋住耳朵，情況相當糟糕。

A先生立刻和婦產科的醫生連絡，商量後，A太太接受診療。很明顯是患了精神不安的產婦憂鬱症，因此住進了醫院。

如果不及早治療的話，很可能愈來愈嚴重。而出院後一個月回到娘家，已經情緒穩定，渡過了產婦憂鬱症。

另外，還有I太太餵小寶寶吃奶時常感到頭痛而煩惱。產假終了回公司上班，是否該停止母乳轉換成牛奶這個問題常讓I太太掛心。對小寶寶而言，充足且營養的母乳是否能順利斷乳，這種考慮常引起不安。每次授乳時就會因為原因不明的頭痛而煩惱。I太太對婆婆說「產後康復狀況不佳」，然後到醫院接受治療。

原因很快察明了，只是產婦憂鬱症而已。I太太很高興，決心斷乳，一個月後轉換成沖泡牛奶，順利地話產假結束就可以上班了。發現問題時早點請教醫生較好。通常這種情形都能很快痊癒，拖久變嚴重時就麻煩了。

荷爾蒙的變化，個性也有關係

產婦憂鬱症的症狀是焦急、對細小的事掛心、常常哭泣、育兒時神經質、無法照顧小寶寶、精神緊繃、容易疲勞無氣力、頭重、肩上肌肉僵硬、耳鳴、站起來時頭昏眼花、無法入睡、食慾不振、病奄奄的樣子、和別人也懶得提起精神講話。

嚴重的話會「想自殺」，有時會造成悲劇。例如在哭泣的嬰兒嘴裡塞東西、母子一起自殺；不過這種情形是很少的。

產婦憂鬱症發生的原因，有人說是荷爾蒙失調所引起的。

產後身體的狀況有急速的變化。分娩後胎盤離開母體，因此分泌到身體的胎盤荷爾蒙完全沒有了，只有自律神經作用，招來精神上的變化。

剛生產完後，嬰兒的哭鬧和種種照顧，使做母親的不知是否能確實地照料幼兒而感到不安，此情形越來越嚴重，造成心理的壓迫。

會不會有產婦憂鬱症，有人說和個性有關。一般說來容易有心病這型的人要特別注意。性格一絲不苟，對任何事要求完美，要不然覺得對不起自己的完美主義者；責任感比一般人強，認真且在意一些事；還有較自我，比較我行我素的人較易患此症。

但並不是這種性格的人一定有此症狀。

若是能受到家族和朋友的呵護，凡事有人商量，或許就不容易患產婦憂鬱吧！

很多時候產婦會得此症，是因為小家庭裡丈夫回家遲，或缺少朋友，產婦愈發不安的原故。

如何克服產婦憂鬱症

對產婦憂鬱症的治療，特別提及的是需要家庭成員、醫生、護士、朋友等的體諒。在此期間，需要丈夫大力支持渡過此難關。

為了要克服產婦憂鬱症，要注意以下的事項。

①在此期間，做丈夫的要儘早回家幫忙料理家事和照顧小寶寶。即使不能獨力完成，也可從旁協助，使產婦心裡覺得有倚靠。

②不要一直想成為完美的母親。特別是首次成為母親的人不了解如何成為人母時。當寶寶哭鬧，就疑神疑鬼感到不安，是非常不好的。

③偶爾忽略家事也是很重要的。如同懷孕時，不能好好地做家事和照顧丈夫是理所當然的。吃飯時買冷凍食物或買現成的飯菜也不用操心照顧不周。

④時常放鬆心情散心消遣一下。使用紙尿布，且如果太忙可考慮請女傭幫忙。

若是持續焦慮不安、
失眠的話，不妨和負
責擔任生產的醫生、
醫護人員商量。

和朋友、家人閒話家
常可以改變心情，轉
變情緒。這時最需要
友人的關懷。

假日時不妨將嬰兒交
給丈夫，自我放假外
出遛達閒逛。

與其當一位完美無缺
的母親，倒不如偶爾
放鬆心情，偷閒一下
。不妨使用紙尿片、
或利用送貨到家的服
務或請女傭等。

⑤和朋友通電話聊天也是預防的方法。每天只和小寶寶在一起難免感到沈悶。如果無法外出，用電話和朋友聊天保持心情的舒暢，或者和娘家的母親聊天也可。

⑥心情焦慮、容易流淚、睡不著時，儘早和生產時的醫生、護士商量，做妥善的治療。

⑦為了及早預防產婦憂慮症，在懷孕時就該學習如何成為人母，預先了解產後身心的變化是很重要的。儘可能的讓丈夫也能了解產婦心理的狀況。這一點，由於有丈夫的關懷、諒解，對此症的預防是非常有效的。

有關未熟兒的醫療在現在已經相當進步了

由於醫療的進步死亡率因而降低

所謂「未熟兒」其定義很難做定論，因此世界保健機構（WHO）一致決定暫時以初生嬰兒的體重為依據，雖然以體重並不是相當充足的理由，其中最大的要素應該是胎內的胎兒以時間的多寡來決定其成長。所以「在幾週的日子裡就會有幾公克的胎兒」的說法，才算是所謂的「未熟兒」。

就一般的情況來說懷孕二八週的話，其胎兒的成長到達了一定的極限，一旦懷孕三六週時，即使體重輕也無需耽心。但是孕婦懷孕未滿三十週就生產的情況下，通常大部分的胎兒其體重約一五〇〇公克以下，在養育的過程中很可能會引起各種障礙。像胎兒那麼小就出生的情形，首先要將初生嬰兒移至有新生兒集中治療（NICU）的設備醫院，進行各種撫育。

在NICU中心最注意的是：呼吸、保溫、細菌或濾過性病毒的感染，並將初生嬰兒置於保育器中養育。現在的保育器會隨著嬰兒的體溫而自動調節保育器內的溫度，由於保育器能夠自動的體溫調節，萬一體溫下降，會造成嬰兒腦部障害，因此保育器的安全度相當高。此外呼吸則需要氧氣，但氧氣會引起未熟兒的網膜症，當嬰兒的呼吸狀態變得不順暢時，千萬避免使用氧氣。

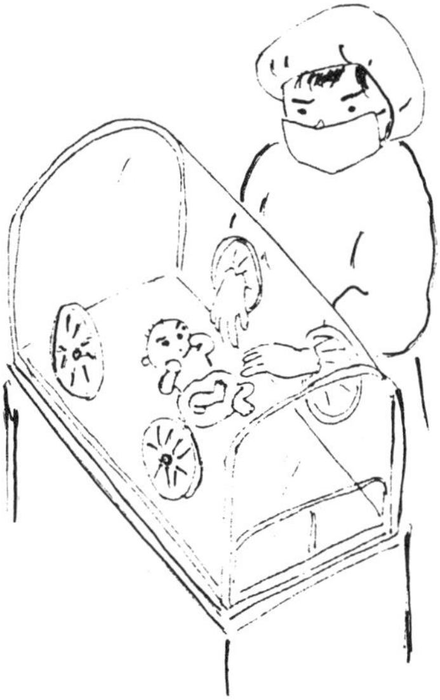

照顧母體和初生兒的醫療

最近醫療技術的進步，未熟兒的營養攝取

也越來越理想了。就早期維持輸液，而出生後立即給予初生兒數滴輸液，對初生兒而言是很有幫助。例如：只有二〇〇〇公克重的嬰兒，可以注射極少量一二〇mℓ的輸液，就彷彿是給予發電機幾滴潤滑油加強其轉動似的，這種作用通常能減少初生兒的死亡率。

當未熟兒接受了輸液點滴二～三日後，就可以在未熟兒的胃放置細管注入牛奶。自保育器取出後也能和一般的嬰兒一樣實施養育方針，而體重也能超過二〇〇〇公克，體溫、呼吸也趨於穩定。

如果孕婦分娩後未熟兒必須立即放置於保育器，作母親的無須憂愁，現在保育器中的嬰兒可以和父母親見面，有些醫院也能夠讓母親在完全的措施下觸摸嬰兒。

第六章　最新情報

——令人擔心的懷孕和分娩

雖然情況不利，但是如果接受充分的管理，則無需擔心

高齡初次產婦

懷孕本身對身體會造成極大的影響，如果年輕對種種的變化尚能夠適應，隨著年紀的漸長懷孕反而會成為一種負擔。

三十歲左右的懷孕和生產所背負的不利條件及危險率

三十歲以上的女性懷孕，被稱為「高齡產婦」，但是世界保健機構（WHO）則以三十五歲以上為標準。自古以來就有高齡產婦的問題存在，由於懷孕會給自己的身體帶來很大的危險，因此母體的年齡越高，就越會出現各種不利母體的症狀。例如：由於促進荷爾蒙分泌的腦下垂體、卵巢逐漸老化，懷孕的可能性變低；而且也很容易引起流產、早產，甚至於很容易生出異常的胎兒。

此外，高齡產婦的心臟、肝臟等循環系統都有老化的趨勢，如果懷孕了很容易引起妊娠中毒症、糖尿病等其他併發症，甚至於會有難產的隱憂，因此高齡產婦不得不思慮一下這些棘手的問題。

靜下心來生產還是有其優點存在

年紀大的女性即使懷孕不僅會有種種不利條件，而且也可預料到生產時的危險。

●就產道而言：特別是軟產道，由於年紀漸大軟產道很容易欠缺柔軟性，只要產道一變硬那分娩的時間就會拖長，結果就很容易造成難產。

●但是產道的柔軟性是依個人體質而有所差異，即使到了三十幾歲產道還像二十幾歲一樣幾乎沒有改變的人也大有人在。即使是高齡產婦，但結婚不久的話基於荷爾蒙的關係，生產的障礙似乎會減少。但是不可否認的高齡者的體力、身體確實已逐漸老化，即使孕婦沒有任何異狀，結婚時間也不久，還是不要掉以輕心。

●留心休養和睡眠、營養和精神的安定，注意高齡產婦的健康管理。早期接受診斷治療以防止異常或突發障害，徹底的做到產前健康檢查，並預先選擇設備齊全的醫院待產。

●為了平安順利的渡過高齡產婦的階段，儘可能的擬出一套計劃生產，考慮如何預防妊娠中毒症，並切記別在冬天嚴寒時期生產，這是非常重要的。

●如果決定了當位高齡產婦，除了嚴守醫師的規定外，孕婦還必須心情放鬆的來渡過這難熬的懷胎十月。高齡產婦必須比年輕人更有精神、更鎮定的分娩，這可以說是高齡者的優點所在。

軟產道的伸展不良、時間拖長，因此不得不採行剖腹生產

通常決定實施剖腹生產的情形大多是在不得已的情況下。產道的伸展不良的話，胎兒就無法順利通過，結果分娩的時間拖長造成胎兒的危險性增高，但是高齡產婦大多採行剖腹生產的方式，除此之外還可以施行其他的方法，例如：為了擴大子宮頸管而注射藥劑，使用荷爾蒙劑或是注射痲醉劑實施無痛分娩法等。

●的確在分娩的時候，高齡產婦所耗費的時間比二十幾歲的產婦來的長，因為年輕的產婦對自我精神的控制力量非常強烈。所以懷孕中的女性不妨積極的參加「媽媽教室」，以獲得正確的知識並能深刻了解其重要性。

由於染色體發生異常，畸型的發生率高

●高齡產婦最耽心的是容易生育出異常的胎兒，而且其機率相當高。由於高齡者的腦下垂體、卵巢等機能降低，引起細胞分裂異常而出現了染色體發生突變。而染色體異常中以蒙古呆小症發生的機率最高，大約在一〇〇個例子中平均會有一個機率發生。

●此外，母親的年齡越高，呆小症發生的機率也隨之提高。根據調查顯示：四十～四五歲時其發生異常的機率是十倍之多，大約六十個例子中平均會有一個機率發生。所以高齡產婦一定要按時接受定期產前健康檢查，並不時的接受羊水的檢查。

荷爾蒙的分泌降低，母乳擁出的情況不佳

●促進母乳分泌的荷爾蒙是由腦下垂體的前葉所控制分泌的，但是高齡產婦的腦下垂體隨著年紀的漸長而逐漸發生變化、老化，因此直接影響到乳汁的分泌，容易使乳汁的分泌降低。母乳的營養對嬰兒的發育而言是最理想不過的了，如果是因為高齡產婦的原因而造成母乳分泌不佳，那對初生嬰兒而言就成了負面影響。

所以在懷孕的階段中不妨對乳房實行按摩，使乳汁的分泌順暢，生產過後持續乳房按摩其效果更好。此外，要讓乳汁分泌順暢睡眠是很重要的，避免疲憊睡眠不足。並且在每天的飲食中以蛋白質為主，均衡攝取能夠促進乳汁分泌的維他命、礦物質食品，同時在一天中睡眠時間要足足八小時。在懷孕分娩時避免神經質、精神緊張，這對乳汁的分泌也有影響。

妊娠中毒症會造成心臟及腎臟的負擔

高齡產婦由於全身的器官逐漸老化，機能低下的趨勢，很容易造成心臟及腎臟的嚴重負擔，因此妊娠中毒症發生的機率也變高了。如前述可以得知妊娠中毒症的紅色信號是：血壓升高，尿液中出現尿蛋白，呈現浮腫等三大症狀，只要出現任何一種症狀都得小心注意。早點接受醫師的診斷並實施適當的治療。

特別是浮腫的症狀，眼睛一看很容易就可以發現。一般來說懷孕時站著工作，下半身很容易引起浮腫，但是只要睡一晚，浮腫的情況就會消失。然而如果是妊娠中毒症的原因而引起浮腫的話，即使睡一覺醒來依舊浮腫不消，眼皮浮腫時也要小心謹慎。此外，體重的遽增也是得知妊娠中毒症的線索，在一週內增胖五〇〇公克以上，就得小心了。

上班女郎的懷孕

上班、工作的重點、建議

將工作、育嬰並立欲積極奮鬥的女性逐漸增加了。但是現實的工作、上班地點的條件等對已經懷孕的女性而言並不完全理想，光靠自己是無法克服這些不利的條件。在此歸納了通勤、任職中、妊娠孕吐反應、產後問題的重點及建議，請仔細參考為荷。

●在通勤途中

問：通勤時間約需一小時左右，正巧遇到上下班交通尖峰階段時，當孕婦的你可有座位坐呢？

答：儘可能提早出門，並利用人車不擁擠的火車交通工具，或者請先生開車接送，最重要的是避開交通尖峰階段。

問：搭乘公共汽車上下班，汽車搖晃的情形挺令人擔心的。

答：如果須走十分鐘才能到達招呼站的話，不妨慢慢走當成運動似的，此外孕婦最好穿著平底鞋子以免增加腳部的負擔。還有公共汽車的搖晃程度比火車還厲害，所以為避免過度搖晃，孕婦不妨站在汽車的中央部分，並且緊緊抓住坐椅的把手，注意避免跌倒。

問：每天上班時上上下下火車站的樓梯，不知會不會有任何不妥，感到蠻不安的，應該注意那些事呢？

答：別在人潮擁擠的時候上下樓梯，等人潮散去後才緩緩抓住樓梯扶手慢慢上下樓梯。切記不要穿高跟鞋以免增加負擔，儘量穿著平底舒服的鞋子。還有少提重物，如果可能的話背包是最理想的了。

在任職中

問：老是坐著工作不活動的話，很容易腰酸。

答：坐著工作和站著工作是一樣的，長時間的坐著無形中肚子就會用力，而造成腰部的酸痛不舒服。如果偶而變化一下椅子，儘可能的改變坐姿，有時候不妨中斷一下工作站起來來回走動，這樣，酸痛的效果會減輕許多。此外，中午休息時間不妨外出做做日光浴，曬曬太陽，輕輕地伸伸懶腰做運動，活動一下筋骨消除疲勞。

問：如果工作情況是站著，可以要求暫時變更一下工作內容、場所嗎？

答：如果孕婦從事的工作會造成下腹部用力或者是站著的工作，或是會引起身體發冷的工作等，很容易造成流產、早產或妊娠中毒症，因此要儘量避免。根據勞動基準法的規定，像上述的工作情形可以請求暫時變更工作內容、場所。同樣的長時間的工作或深夜的工作職務等，也可以要求暫時變更。

問：在百貨公司工作，冷氣或暖氣太強，常造成身體的不適。

答：孕婦是很忌諱腳部、腰部感到發冷的。不妨穿上長襪、準備蓋膝部的毯子等。此外，在暖氣效應太強時要小心的是流汗後避免感冒。忽冷忽熱很容易造成孕婦的不適，因此要離開冷氣或暖氣房時，不妨先調節一下溫度，找個冷氣或暖氣不太強的地方，靠著休息五

～十分鐘左右。

妊娠孕吐反應的對策

問：在擁擠的火車或公車上有強烈噁心、想吐時該怎麼辦呢？

答：人在悶熱的時候通常會有噁心的感覺，所以不妨建議孕婦常攜帶小型的塑膠袋和毛巾，以防止不時之需。根據調查結果顯示：搭乘擁擠的火車、公車很容易引起噁心、妊娠孕吐反應，不擁擠的公車、火車則妊娠孕吐的反應較弱。

問：在工作中引起妊娠孕吐反應時，總得跑到廁所去。

答：空腹時常會有噁心的感覺，所以孕婦要儘量避免空腹的情形發生。還有當孕婦有孕吐症狀出現時，不妨吃點點心，例如：巧克力、起司、甜餅、糖果等，當工作中想吃些點心時，可別忘了周圍的人哦！

問：清晨忙過頭了常忽略進食，就因為這緣故孕吐的情形特別嚴重。

答：早餐並不足以防止孕吐的產生，更應該注重營養方面的攝取。例如：用過早餐後不妨帶些水果到公司去，上班前可以吃水果補充養分，或自備自己喜歡的便當，如此一來食慾會比較好。通常從早晨到中午前會感到孕吐的反應很嚴重，特別是中午前工作份量多，孕婦得要克服身體的不舒服好好努力。此外，這時候忌諱吃些甜食。

問：為了解除妊娠孕吐反應，有比較理想的方法改變情緒嗎？

答：走出房外吸收新鮮的空氣，這時心情會比較舒暢些。由於噁心常會發現有些人乾脆在廁所休息，但是在狹窄的空間裡反而會感覺悶悶的，更容易噁心想吐。懷孕時會比平日更想上廁所，上廁所的次數會變得頻繁，如果孕婦忍尿、便祕，更容易引起噁心、反胃。

產後

問：很想用母乳哺育嬰兒，但是因為工作的緣故，所以不太合適。

答：因為工作的關係要母親親自哺乳是不太可能的，不妨事先將乳汁擠出來，放於冷藏庫儲存，然後請保姆拿來餵食嬰兒。如果工作地點有冷藏庫的話，可以利用休息時間將乳汁擠壓出來儲存，回家時則順便帶走當成翌日的份量，到了晚上才由母親親自哺乳。

問：總是睡眠不足感到精疲力盡。

答：對有工作的媽媽而言，體力是最重要的了，所以睡眠一定要充足，如果夜晚需要用牛奶餵乳時，不妨請丈夫協助餵食，此外，使用紙尿片可以節省時間，不妨考慮使用。

問：如果從事回家時間不規則的工作時，對嬰兒要如何照顧呢？

答：工作很重要、小孩也很重要，這種情況下已經讓媽媽左右為難、進退不得了。為了不讓媽媽因工作、小孩而動彈不得，不妨在產前先找好優秀的育嬰保姆照顧小孩，而育嬰的人選不妨考慮鄰家附近、朋友、親戚等有經驗的人。此外，要保持連絡以便隨時知道小孩的狀況。

問：育嬰的場所找哪裡比較理想呢？

答：產假期滿時育嬰就成為攣切實的問題了，如果可能，在懷孕時就先尋找所謂「坐月子中心」，最慢在產前就要決定。政府所認可的保育中心，以〇歲就開始託嬰的保育所相當少，所以在選擇坐月子中心或保育所時要先確知其設備、費用、飲食、保育方針等。

生男育女的最新情報

生男育女是由於精子分離之故

得知懷孕後，會很自然地感覺到腹中胎兒精力充沛的成長著。生男育女對雙親而言一定是相當關心的事了，通常都會預先選擇性別是生男或是生女。

就醫學範疇而言：有關生男育女的區別方法有各種不同的意見，因此就付諸於許多研究以証實。到底哪種生育方法能確知胎兒的性別呢？最初決定生男育女性別的是精子所持有的性染色體，現今我們可以淸楚得知的是擁有X染色體的X精子會生育出女的，擁有Y染色體的Y精子會生育出男的。但就理論而言：將X精子和Y精子加以分門別類，如果受精的話，就可以區別出男女的性別，在此用各種方法分離精子的X染色體與Y染色體。

九八%的機率分離精子

目前為止精子分離研究是以X精子生女，Y精子生男著眼而採用離心分離法來分離X和

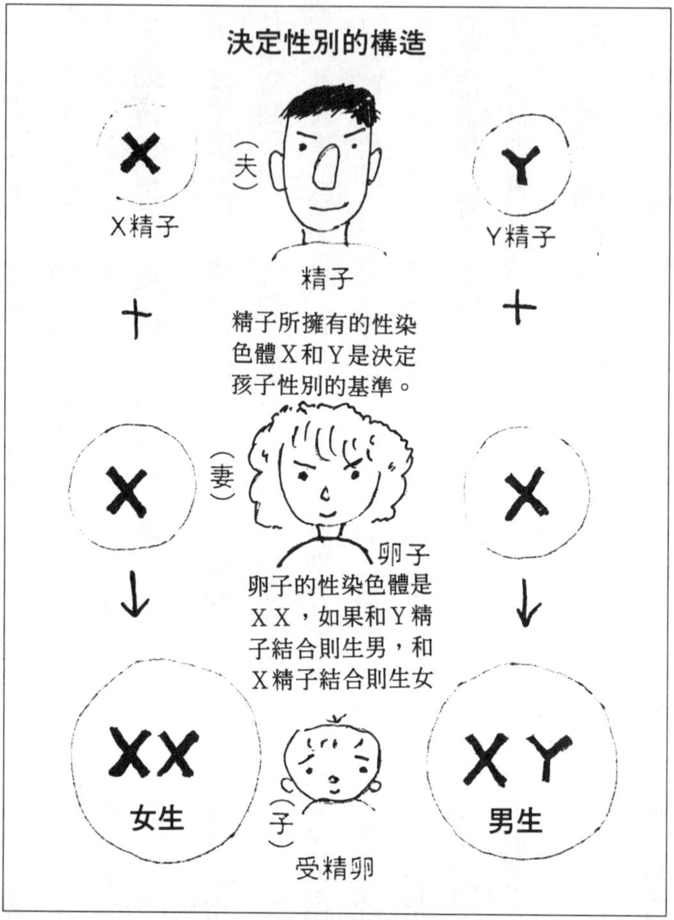
決定性別的構造
X精子
(夫)
Y精子
精子
＋
＋
精子所擁有的性染色體X和Y是決定孩子性別的基準。
(妻)
卵子
卵子的性染色體是XX，如果和Y精子結合則生男，和X精子結合則生女
XX
女生
XY
男生
(子)
受精卵

Y精子，但是這種方法的分離率高達七〇～八〇％，可是造成精子損傷、精子活動性變弱、受精率降低。然而最近則是依據電氣泳動裝置的分離法來進行精子分離，這種方法改善了離心分離法的缺點，並能高密度的分離精子。不僅精子損傷的情形減少，並能以九八％的高機率將X與Y精

子分門別類。而將決定生男的Y精子機率稍微降低至八〇%。而決定生女的X精子機率提高。但是上述的分離法並無法立即區別生男育女的可能性，那是因為還有其他精子分離、精

依據分離法分離X、Y精子

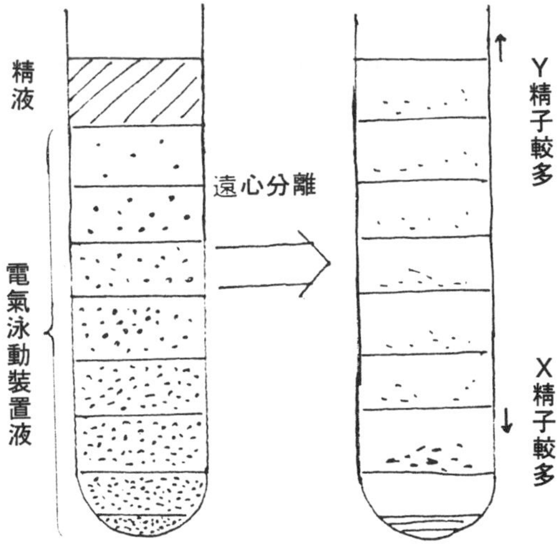

在電氣泳動裝置液的上層加入精子，接著放在離心分離機上，結果試管上層有七十～八十%是Y精子，下層則多是X精子，而最下層有九八%以上是X精子。透過人工受精的方式，懷孕的可能性中生女孩有九十%以上的成功率。

子受精能力方面的問題，這一點也是今後研究的課題，但是重點還是生男育女區別的可能性。不管怎麼說電氣泳動裝置的分離法已經使生男育女的區別更加進步，這一點是確實的。將來或許可以自由的選擇X精子和Y精子，按照期望生兒育女也說

不定。

帶有性別遺傳病預防的福音

現在繼續用其他的方法來研究如何生男育女。由於Y精子是屬於強鹹性，而X精子是屬於強酸性，如果想生男，不妨利用這種原理，給予妻子燐、鈣，或使用陰道凍膠方法來決定性別。由於其成功率達八○%以上，或許將來決定生男育女的性別會成為可能也說不定。

但是醫學的日新月異，可以預測到不久的將來自由選擇男女性別的時代即將到來，然而反面觀之，這種方法不就違反了自古以來倫常關係的授子，所以自由選擇男女性別還是有許多頗受議論之處。

此外，依雙親的情形是否能夠控制自然生命的蘊育，的確還是有很大的疑問。不可否認的就性別所帶來的遺傳病消失的觀點來看，以醫學方式來區別生男育女的方法的確是遺傳病消失的福音。

配合個人體質的避孕法

產後性生活是自接受產後一個月的檢查診斷，確定性器官已完全恢復之後，這個階段務必請丈夫配合協助。然而最重要的是：別立刻想再度懷孕，所以從性生活開始之日就必須注意避孕措施。

保險套

避孕的方法有很多種，但產後性器官剛恢復的話，還是很容易弄傷陰道的，所以產後性生活的開始最好使用保險套。保險套不僅輕便而且完全沒有副作用，但如果使用方法不當的話還是沒用的，唯有正確的使用才能達到完全避孕的效果。使用時不但要丈夫全面的配合，也要夫婦之

保險套的使用方法

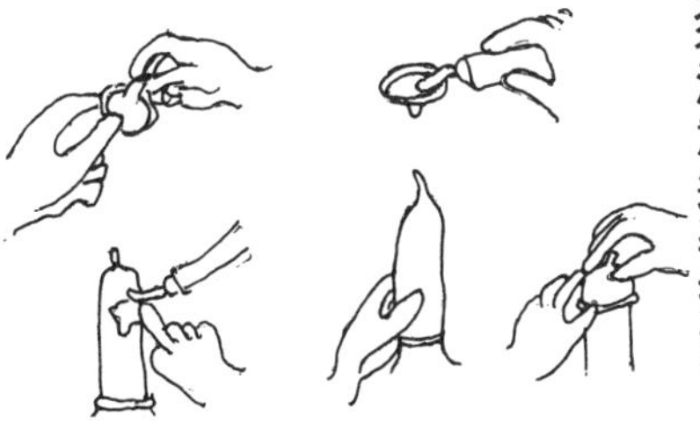

產後暫時使用保險套避孕。會陰部切開之後使用保險套會有疼痛感時，可以塗上凍膠。

間好好溝通商議才能達成避孕的成功秘訣。

IUD（子宮內避孕環）

所謂IUD是避孕器的總稱，安裝在子宮內的避孕環以達到避孕的目的。現今台灣所使用的避孕器S有字形狀、扇形、圓形等，其材料是塑膠製品。

使用方法：事先將避孕器放於子宮中，即使受精了受精卵還是無法著床，以達到避孕的效果。大約產後六週以後，經醫師許可以後才可以使用這種子宮內避孕環器具，自月經開始之後十日以內將避孕器插入體內，如果產後月經尚未來臨的人，可使用人工的方法，注射荷爾蒙誘發行經，使用IUD其避孕的效果可以說是一〇〇%。

避孕藥丸

各種IUD

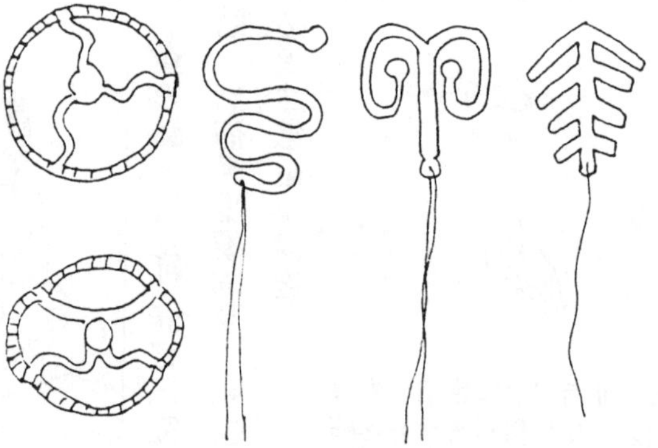

避孕效果達一〇〇%，通常是適合經常懷孕者所採用的避孕法。

是從月經開始的第五天～二十天所服用的。服用中止後二～三日月經開始來臨。

避孕藥丸是，黃體荷爾蒙和動情激素等二種荷爾蒙混合而成的，服用過後會製造假懷孕的狀態抑制排卵，是一種口服避孕藥丸。藥丸的服用必須在產後經過醫生診斷後，再遵照指示服用。但在授乳中藥丸會影響母乳，因此必須停止服用。雖然口服避孕藥丸的避孕效果很高，但是所產生的副作用挺令人擔心的，因此前次懷孕時患有靜脈瘤的人和其他疾病者最好避免服用。

基礎體溫表

女性的身體每個月都會重複一定的月經和排卵的周期，隨著體溫的變化就可以得知排卵日期，因此以基礎體溫表為根據來避孕。通常排卵的日子裡體溫會由低溫而變成高溫，在高溫的持續天數裡卵子會生存二～三天，因此在這個時候禁慾可以達到避孕的效果。但是女性的排卵和月經的周期並非固定不變，所以失敗的情況也不少，特別是母親在育兒、

每天早上利用5分鐘將體溫計放入口中測量。體溫變成高溫期時2～3天須禁慾。

授乳時體溫很容易混亂。

避孕用子宮套

子宮套是一種帶有彈簧套蓋的橡膠製的薄膜，在性交前戴在子宮的入口，以防止精子進入的避孕器具。購買時則選擇符合自己陰道口尺寸的子宮套，使用前必須接受最初插入的指導。一個子宮套大約可以使用一～二年，而且也不會有異物感，但是，最近使用的人大為減少，或許是因為用自己的手將子宮套插入陰道的深處，因此會有抵抗感的緣故。

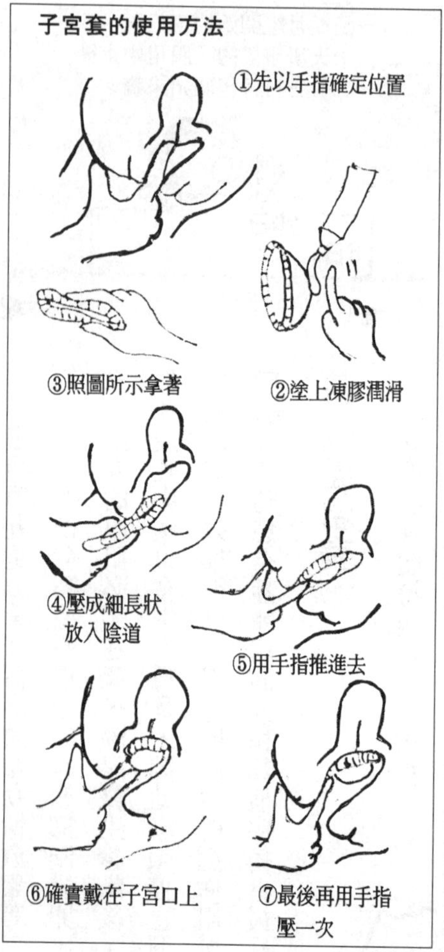
子宮套的使用方法
①先以手指確定位置
②塗上凍膠潤滑
③照圖所示拿著
④壓成細長狀
放入陰道
⑤用手指推進去
⑥確實戴在子宮口上
⑦最後再用手指
壓一次

如果由外行人來判斷是很危險的，必須獲得醫師的許可才可以

懷孕中的運動型態

游泳前後一定要接受產科醫院的仔細檢查

懷孕中的女性就好像抱著小孩一樣在活動身體。如果孕婦運動的話，相對的體力消耗也更為增加。但是，只有游泳例外。由於浮力的關係身體變輕了，平常無法做的運動，在水中卻能夠伸展，其效果如下：

①在懷孕末期階段容易引起的腰痛、腿部抽筋、靜脈瘤等症狀藉游泳皆可減輕並緩和疼痛。

②全身運動有助於鍛鍊肌肉，對孕婦在分娩時耗費體力方面有所幫助。

③游泳時浮在水面上的姿勢有助於鬆弛肌肉的練習。

④游泳可以使股關節充分伸展張開，以養成其柔軟性，有助於分娩的姿勢。

⑤游泳時實行水中坐禪運動有助於使勁力量的養成。

除了上述以外游泳還有許多功效。游泳是一項相當激烈的運動，所以孕婦一定要有醫生的健康診斷證明才行，當然在游泳前後一定要仔細地接受檢查。

為了達到輕鬆生產的新韻律體操

與孕婦游泳一樣對安產有助益的是體操。所謂「體操」是一種配合旋律的韻律體操，它與一般的健美操和爵士舞不同點是在分娩時必須使用的必備體力、呼吸等，而體操的開始應該是懷孕已進入了安定期時才適合。

①體操有助於全身的血液循環暢順，舒展筋肉。

②呼吸可以促進全身的鬆弛。

③能夠柔軟股關節。

④體操可以讓孕婦掌握分娩時所必備的使勁力量和鬆弛。

⑤為學習生產時必備的使勁力量，可以鍛鍊腹肌。

上述的一舉一動都是為了使生產時更輕鬆，但是體操和游泳一樣都必須接受醫生的許可才行。

懷孕中的運動千萬別過度，要輕鬆

在以前孕婦游泳、做體操都是禁忌。但是，活動身體鍛鍊全身可以很容易的消除懷孕時所引起的各種症狀，而且在分娩時可以緩和一點疼痛。由於腹中已有胎兒，運動前一定要檢查孕婦的體能狀態，非得到醫生的許可不行。雖說運動的好處很多，但並非每個人都適合運動，運動多少都會引起子宮的收縮，暫時引起子宮、胎盤血液循環的障礙。如果身體狀況正常，發生子宮收縮的情況會立即恢復而沒有異常，但如果患有妊娠中毒症或其他併發症，那就是相當棘手的問題了。

此外，運動如果造成下腹部疼痛，肚子嚴重腫脹時，情況日漸惡化，及早停止就會平安無事。孕婦到附近散步、做一些簡便的家事也算是一種運動，如果只待在家裡足戶不出，身體的靈活程度減低，結果會變得太過肥胖。

還有當孕婦開始於運動適應生活拍子時，也別忽略朋友為你解除壓力的功勞。

國家圖書館出版品預行編目資料

初次懷孕與生產／女性醫學編輯組 編著
－初版－臺北市，大展，2003【民92】
面；21公分－（女性醫學；2）
ISBN 978-957-468-226-3（平裝）
1妊娠　2分娩

429.12　　92007306

初次懷孕與生產

ISBN 978-957-468-226-3

編 著 者／女性醫學編輯組
發 行 人／蔡　森　明
出 版 者／大展出版社有限公司
社　　址／台北市北投區（石牌）致遠一路2段12巷1號
電　　話／(02) 28236031・28236033・28233123
傳　　真／(02) 28272069
郵政劃撥／01669551
網　　址／www.dah-jaan.com.tw
E-mail／service@dah-jaan.com.tw
登 記 證／局版臺業字第2171號
承 印 者／傳興印刷有限公司
裝　　訂／建鑫裝訂有限公司
排 版 者／千兵企業有限公司
初版1刷／2003年（民92年）7月
初版2刷／2004年（民93年）2月
初版3刷／2008年（民97年）6月　　定　價／220元

大展好書　好書大展
品嘗好書　冠群可期

大展好書　好書大展
品嘗好書　冠群可期